VB程序设计实验教程

（第二版）

杨 玲　任灵平　主编

南开大学出版社
天　津

图书在版编目(CIP)数据

VB 程序设计实验教程 / 杨玲,任灵平主编. —2 版.
—天津:南开大学出版社,2016.1(2019.2 重印)
ISBN 978-7-310-05029-1

Ⅰ.①V… Ⅱ.①杨… ②任… Ⅲ.①BASIC 语言—程序设计—高等职业教育—教材 Ⅳ.①TP312

中国版本图书馆 CIP 数据核字(2015)第 289000 号

南开大学出版社出版发行
出版人:刘运峰
地址:天津市南开区卫津路 94 号 邮政编码:300071
营销部电话:(022)23508339 23500755
营销部传真:(022)23508542 邮购部电话:(022)23502200
*
天津午阳印刷股份有限公司印刷
全国各地新华书店经销
*
2016 年 1 月第 2 版 2019 年 2 月第 3 次印刷
260×185 毫米 16 开本 13.25 印张 301 千字
定价:28.00 元

前　言

Visual Basic 程序设计语言是目前最适合初级编程者学习使用的计算机高级语言之一。Visual Basic 程序设计语言既保持了原有 Basic 语言简单易学的特点，又为用户提供了可视化的面向对象与事件驱动的程序设计集成环境，使程序设计变得快捷、方便、简单，具有强大的软件开发功能。近年来，许多高等学校将 Visual Basic 程序设计作为非计算机专业的公共基础课。

本书两位作者多年在高校从事 Visual Basic 语言程序设计及其他高级语言程序设计的教学与研究工作，有着丰富的教学与程序开发经验。为满足高等院校非计算机专业程序设计语言课程教学实验课的要求，编写了与《Visual Basic 程序设计语言》（南开大学出版社，2015）配套的实验用书《VB 程序设计实验教程》（第二版）。在本版中加强了教材中重点、难点理论部分的文字讲解，习题部分也由原来的中等难度改变为简单、中等和较难三种，使学生能够由浅入深、更好地理解理论部分，同时增加编程兴趣。

本实验教程具有以下特点：

（1）将配套教材中知识点进行归纳总结，以教材讲述知识点为核心，归纳总结出本次实验所需知识的提示。

（2）实验选取具有代表性的编程实例进行实验指导，例题的选择遵循由浅入深、循序渐进、简洁实用的原则。

（3）本书为每个实验都给出了问题分析、设计要求、运行界面与详细的操作步骤，并对实验中涉及的所有重点与难点给出了适当的提示，避免学生在实验过程中出现看不懂程序或感觉无从下手的现象。

（4）为加强学生对所学知识的巩固，每章节后都配有综合练习（包括基础知识的复习和程序设计训练），使学生重温教材所讲述的理论和方法，并加强学生对程序设计方法及算法分析技能的训练，以培养学生分析问题和解决问题的能力。

本实验教程每章都由三大部分组成：

预备知识：归纳分析知识点，帮助学生将实验所需知识点及基本概念重新复习一遍。

实验内容：每个实验都通过细致地分析，给出具体的实验步骤及界面设计和程序代码，引导学生完成实验，使学生对知识点有更加深刻的理解。

综合练习：选取并整理出与每一章知识点相适应的具有代表性的经典习题。

本书共分 15 章，均是针对配套教材编写的，每章节中的实验均是围绕对应章的重点知识点，又分别设计了若干个独立的小实验，每章最后都增加了学生上机练习并配有相应的参考答案。教材最后为配合我校的具体教学增加了两套模拟试题以检验学生对整体知识的掌握情况。

本书由杨玲、任灵平主编，其中第 1～5 章，第 8、9 章由任灵平编写；第 6、7 章，第 10～13 章由杨玲编写。

由于作者水平有限，书中难免有疏漏或错误之处，恳请广大读者与同行专家指正。

编　者

2015 年 10 月

目　录

第 1 章　VB 程序开发环境

1.1　了解 VB 及其开发环境

1.1.1　预备知识

1. VB 6.0 的特点

VB 是一种可视化的、面向对象和采用事件驱动方式的结构化高级程序设计语言。其主要特点有：

① 可视化编程。

② 面向对象的程序设计。

③ 结构化高级程序设计语言。

④ 事件驱动编程机制。

⑤ 访问数据库。

2. VB 6.0 的启动方法

① 使用“开始”菜单中的“程序”。

② 使用“我的电脑”。

③ 使用建立在桌面上的 VB 快捷方式。

④ 使用“开始”菜单中的“运行”。

3. VB 6.0 的退出方法

① 使用“文件”菜单下的“退出”命令。

② 按 Alt+Q 键。

③ 直接单击应用程序窗口右上角的关闭按钮。

④ 双击窗口控件菜单图标。

4. VB 6.0 集成开发环境组成

① 工具箱窗口：也称控件箱，提供开发应用程序的各种控件。

② 窗体窗口：应用程序最终面向用户的窗口，它对应于应用程序的运行结果。

③ 属性窗口：用来设置窗体或窗体中控件属性。

④ 代码窗口：用于输入应用程序代码。

⑤ 立即窗口：用于临时显示一些运算结果或显示一些控件的属性值。

⑥ 布局窗口：用于指定程序运行时窗体的初始显示位置。

⑦ 工程资源管理器窗口：用于列出当前工程（或工作组）中的所有文件，并对工程进行管理。

1.1.2　实验内容

实验目的

- 了解 VB 的启动与退出。
- 了解 VB 的集成开发环境、各主要窗口的作用。

【实验 1-1】VB 的启动。

在 Windows 环境下，通过“开始”菜单启动 VB 6.0 的步骤如下：

① 选择“开始”菜单→“程序”菜单项→“Microsoft Visual Basic 6.0 中文版”菜单项，单击鼠标左键，即启动 VB 6.0，出现如图 1-1 界面。

② 在图 1-1 中选择“新建”选项卡，从中选择“标准 EXE”项（默认），单击“打开”按钮，进入图 1-2 所示的 Microsoft Visual Basic 6.0 集成开发环境。

图 1-1

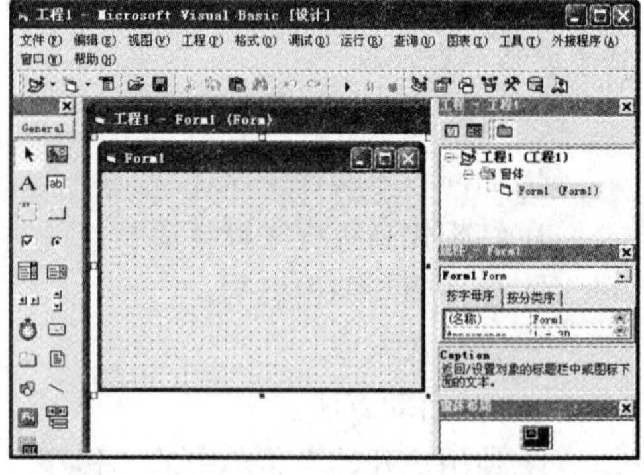

图 1-2

【实验 1-2】VB 的退出。

在如图 1-2 所示的 VB 6.0 集成开发环境窗口中，用前面介绍的几种退出方式中的任何一种方式均可退出 VB 6.0。

注意：在退出时，系统会提示保存窗体文件和工程文件。

【实验 1-3】VB 开发环境中主要组成窗口的操作。

① 工具箱窗口：用户设计界面时，在工具箱中选择所需控件用于设计界面。如果关闭了工具箱窗口，可从“视图”菜单中选择“工具箱”命令重现工具箱，也可从工具栏中单击“工具箱”按钮重现工具箱。

② 窗体窗口：对窗体窗口可执行的操作有如下几方面：

a) 移动窗体：用鼠标拖动窗体窗口标题栏。

注意：只能在程序运行时才能随意移动窗体窗口。

b) 改变窗体窗口的大小：用鼠标拖动窗体窗口边框。

c) 最小化窗体窗口：用鼠标单击窗体窗口右上角最小化按钮，可将窗体窗口缩成图标。注意：只能在程序运行时才能将窗体窗口最小化。

d) 最大化窗体窗口：用鼠标单击窗体窗口右上角的最大化按钮。

e) 窗体窗口的恢复：用鼠标双击任务栏中窗体窗口的缩略图标，即可将其恢复。

③ 属性窗口：选择要设置属性的窗体或控件，在属性窗口中选择要设置的属性进行修改。如：鼠标单击窗体，在属性窗口中选择 Caption 属性，将值设为“演示”，注意窗体标题栏的变化。

④ 代码窗口：用于编写程序代码。在窗体中单击鼠标右键，在快捷菜单中选择“查看代码”，进入代码窗口，在对象列表栏中选择对象 Form1，在右侧事件列表栏中选择 Click 事件，在 Private Sub Form_Click()与 End Sub 之间编写如下代码：

```
Print  "这是第一个例题"
```

按 F5 键运行程序，可出现图 1-3 所示界面。

图 1-3

⑤ 立即窗口：在“视图”菜单下选择“立即窗口”，在窗口中输入“？Form1.Caption”，然后按回车键，立即可看到其结果“演示”。

⑥ 布局窗口：在布局窗口中，用鼠标拖动窗体图标到布局窗口的左上角，按 F5 键，观察工程运行后窗体是否在左上角位置。

⑦ 工程资源管理器窗口：用鼠标单击工程资源管理器窗口中的“+”或“-”图标，可以展开或折叠其中的文件夹。

1.2　综合练习

选择题

1. 启动 VB 后，就意味着建立一个新的（　）。

   A. 窗体　　B. 程序　　C. 工程　　D. 文件

2. 与传统的程序设计语言相比，VB 最突出的特点是（　）。

   A. 结构化程序设计　　B. 程序开发环境

C. 程序调试技术　　D. 事件驱动编程机制

3. 下列不属于 VB 特点的是（　）。

A. 对象的链接与嵌入　　B. 结构化程序设计

C. 编写跨平台应用程序　　D. 事件驱动程序编程机制

4. 在 VB 环境下，写一个新的 VB 程序时，所做的第一件事是（　）。

A. 编写代码　　B. 新建一个工程

C. 打开属性窗口　　D. 进入 VB 环境

5. 以下选项中，不是可视化编程方法特点的是（　）。

A. 不必运行程序就能看到所要做的界面

B. 采用面向对象驱动事件的机制

C. 使用工程的概念来建立应用程序

D. 将代码和数据集成到一个独立的对象中

6. 以下对 VB 窗体主要功能的描述，正确的是（　）。

A. 编写源程序代码　　B. 建立用户界面

C. 画图　　D. 显示文字

7. 在 VB 过程中，应用程序的运行结果所显示的窗口称为（　）。

A. 控件　　B. 窗体　　C. 对象　　D. 模块

8. 下列叙述中正确的是（　）。

A. VB 与 Basic 没有什么区别　　B. VB 与 Basic 的编程机制不同

C. VB 是面向过程设计语句　　D. VB 与 Basic 之间没有什么联系

9. 以下对工程资源管理窗口的叙述正确的是（　）。

A. 显示窗体文件、标准模块文件和类模块文件

B. 只显示工程文件的内容，以使用户了解工程的组成

C. 组织、管理工程文件

D. 方便用户打开相应的代码窗口和窗体设计器窗口

10. 在 VB 程序中，窗体文件的扩展名是（　）。

A. .bas　　B. .cls　　C. .frm　　D. .res

第 2 章　Visual Basic 程序设计基础

2.1　数据基本类型、常量与变量

2.1.1　预备知识

1. 基本数据类型

① 字符型（String）

字符型数据是由 ASCII 字符组成的字符序列。

② 数值型数据

a) 整型（Integer）：以 2 个字节（16 位）来表示，取值范围是-32768～32767。

b) 长整型（Long）：以带符号的 4 个字节（32 位）存储，其取值范围是-2147483648～2147483647。

c) 单精度型（Single）：以 4 个字节（32 位）存储，负数取值范围-3.402823E+38～-14.401298E-45，正数取值范围是+1.401298E-45～+3.402823E+38。

d) 双精度型（Double）：以 8 个字节（64 位）存储，负数取值范围-1.797693134862316D+308～-4.94065D-324，正数取值范围是+4.94065D-324～+1.797693134862316D+308。

③ 货币型（Currency）

货币型数据以 8 个字（64 位）存储，精确到小数点后 4 位，取值范围为-922337203685477.5808～+922337203685477.5807。

④ 变体型（Variant）

变体型是一种可变的数据类型，可以表示数值、字符串或时间日期等数据类型。

⑤ 日期型（Date）

日期型用来表示日期信息，其表示格式为 mm/dd/yyyy 或 mm-dd-yyyy，其取值范围是 1/1/100 到 12/31/9999。

⑥ 字节型（Byte）

字节型以 1 个字节（8 位）的无符号二进制存储，取值范围是 0～255。

⑦ 布尔型（Boolean）

布尔型用来表示一个逻辑值，以 2 个字节存储，其值只能是 True 或 False。

⑧ 对象型（Object）

对象型用来表示图形或 OLE 对象或其他对象，以 4 个字节存储。

2. 变量

变量是用来存储数值在内存的一个位置，它有两个特征：名字和数据类型，通过名字来引用变量，而数据类型决定该变量的存储方式。

① 变量的命名规则

- VB 中规定变量名必须以字母开头，后面可以包含任意字母、数字和下划线，可以有最多 255 个字符；
- 变量名中不能包含标点符号；
- 变量名不区分大小写字母；
- 不允许使用 VB 的关键字作为变量名；
- 在同一作用域内，变量名不能够重复；
- 变量名中间不允许有空格。

② 变量命名注意事项

- 变量名应充分和准确地描述变量的含义；
- 避免使用含义不清的缩写或有歧义的变量名；
- 应避免使用计算机术语；
- 为便于区别变量的数据类型，可以在变量名中加一个缩写的前缀或后缀；
- 为便于阅读和书写，变量命名尽可能简洁明了，不要让变量名太长；
- 最好不要使用全部是大写的变量名，因为在很多情况下，这表示的是一个常量；
- 避免使用经常拼错的单词；
- 最后一个字符可以是类型说明符（!、@、#、%、&），可以大大提高程序的可读性。

③ 变量的声明

语法格式为：

Dim| Private |Static <变量名 1> [As 类型 1] [,<变量名 2>] [As 类型 2]…

定义变量时，应根据变量作用域不同，使用不同的语句声明变量。

注意：不能在过程中声明公有的模块级变量。

VB 中，变量声明的方式主要有：

a) 隐式声明

在编写程序中，不加声明就直接使用变量的方式称为隐式声明。为隐式声明的变量指定值之前，该变量的值是 Empty，赋值后，该变量的类型为所赋值的类型。

b) 显式声明

为了避免写错变量名而引起的麻烦，可以规定先声明变量，然后才可以使用，否则 VB 将发出警告“variant not defined”。

要强制显示声明变量，可以在类模块、窗体模块或标准模块的声明段中加入语句：

Option Explicit

或从“工具”菜单中选择“选项”命令，在打开的“选项”对话框中单击“编辑器”选项卡，再复选“要求变量声明”选项也可强制要求用户先声明变量。

④ 变量数据类型

a) 数值型数据类型

数值型数据类型主要有如下几类：

- 整型（Integer）：不带小数点和指数符号，正号可以省略。
- 长整型（Long）：正号可以省略，并且在数值中不能出现逗号（分节符）。
- 单精度（Single）：可表示最多 7 位有效数字的数，小数点可位于数字中的任何位置，正号可以省略。单精度数有两种表示方法，定点形式和浮点形式。

✧ 定点形式：是指含有小数的数。例如：-9.77　34.9。

✧ 浮点形式：用科学计数法表示，即以 10 的整数次幂表示数据，以“E”来表示底数 10。例如：12.56E-8。

- 双精度数（Double）：可表示最多 15 位有效数字的数，小数点可以位于这些数字的任何位置，正号可以省略。同单精度一样，也有定点形式和浮点形式两种表示方法，浮点数值的表示方法同 Single 类型，但在科学记数法中使用 D 而不使用 E。
- 货币型（Currency）：支持小数点右面 4 位和小数点左面 15 位，适用于货币计算。
- 字节型（Byte）变量：存储无符号的整数，范围为 0～255。

b) 日期型（Date）数据类型

按 8 字节的浮点数来存储时间和日期。日期表示范围从公元 100 年 1 月 1 日到 9999 年 12 月 31 日，而时间范围从 0:00:00 到 23:59:59。

c) 布尔型（Boolean）数据类型

此类型变量的值只有 True 或 False，缺省值为 False。当逻辑变量的值转换成整数时，True 转换成-1，False 转换成 0；当数值型数据转换成逻辑数据时，非 0 转换成 True，0 转换成 False。

d) 字符串型（String）数据类型

用于存放字符型数据，字符型也称为字符串。字符串有两种：变长字符串和定长字符串。

变长字符串是指字符串的长度是不固定的，随着对字符串变量赋予新的字符串，它的长度可增可减。例如：Dim s1 As String ，则定义一个变长字符串变量。

定长字符串是指它在程序执行过程中，始终保持其长度不变的字符串。例如：Dim s2 As String*5，则定义了一个长度规定是 5 的字符串。

e) 对象型（Object）数据类型

对象型变量可引用应用程序中的对象或某些其他应用程序中的对象。可用 set 语句指定该变量去引用应用程序所识别的任何实际对象。

例如，窗体上有一个命令按钮 Command1，有如下语句：

```
Dim a As Object          '声明 a 为对象型变量
Set a = Command1
a.Caption = "OK"         '将命令按钮的标题改为“OK”
```

f) 变体型（Variant）

这是一种特殊的数据类型，所有未定义的变量均为变体型。它可以代表数值型、字符串型、日期型、布尔型等数据类型。

3. 常量

常量就是在程序运行过程中其值始终不变的量。常量分为直接常量和符号常量。

① 直接常量

又为分字符串常量、数值常量、布尔常量和日期常量。

a) 字符串常量：用双引号引起来的一串字符，可以是除双引号和回车符之外任何ASCII 字符，也可以是汉字。如“Student”、“程序设计”等。

b) 数值常量：包括整型常量、长整型常量、货币型常量和浮点型常量。

● 整型常量

十进制整数：只能包含数字 0～9、正负号。表示范围为-32768 到 32767。

十六进制数：由数字 0～9、A～F 或 a～f 组成，并以＆H 引导，其后面的数据位数小于等于 4 位，其范围为＆H0 到＆HFFFF。

八进制数：由数字 0～7 组成，并以＆（或者&O）引导，其后面的数据位数小于等于 6 位，其范围为＆O0 到＆O177777。

● 长整型常量

十进制长整数：范围为-2147483648 到 2147483647。

十六进制长整数：以＆H 开头，以＆结尾，其范围为＆H0＆到＆HFFFFFFFF＆。

八进制长整数：以＆（或&O）开头，以＆结尾，范围为＆O0＆到＆O37777777777＆。

● 定点数

带有小数点的正数或负数。例如：8.09，56.2369。

● 浮点数

用科学计数法表示数，指数用 E 和 D 代替底数 10（E 表示单精度，D 表示双精度）。

● 字节数

是一种无符号类型，表示的范围为 0～255，不能表示负数。

c) 布尔常量: 只有 True（真）和 False（假）两个值。

d) 日期常量：用两个“＃”符号把表示日期和时间的值括起来。其格式通常为“mm/dd/yyyy”或“yyyy-mm-dd”，如果有具体时间，其格式为“mm/dd/yyyy hh:mm:ss”或“yyyy-mm-dd hh:mm:ss AM/PM”。

② 符号常量

在 VB 中，符号常量用来代替某一数据或字符串，使程序更容易修改，一般的格式为：

```
Const 常量名 [As 数据类型]=<表达式>
```

在 VB 中还有一类系统内部定义的常量，或称系统常量，由应用程序和控件提供。如：vbRed，vbCrLf 等。

2.1.2　实验内容

实验目的

- ➢　掌握 VB 数据类型以及不同类型数据的正确表示。
- ➢　掌握常量及变量的概念以及表示方式。

【实验 2-1】在窗体中分别输出整型、单精度型、双精度型、日期型、逻辑型以及字符型常量的值。

方法分析：

此问题中只需要将数据输出到窗体，因此，可以在 Form1 的 Load 事件过程中用 Print 方法输出数据。

具体步骤如下：

① 此问题中无需设计窗体界面。

② 设置窗体的 Caption 属性为“数据类型练习”。

③ 编写代码如下：

```
Private Sub Form_Load()
  Show       '显示窗体
  Form1.FontSize = 12      '设置在窗体中输出字符的字体大小
  Print   12, 345.45457，3245435.435436
  Print   #2/2/2010#
  Print   False
  Print   "Tianjin"
End Sub
```

④ 按 F5 运行程序，其结果如图 2-1 所示，观察各类不同数据的显示结果。

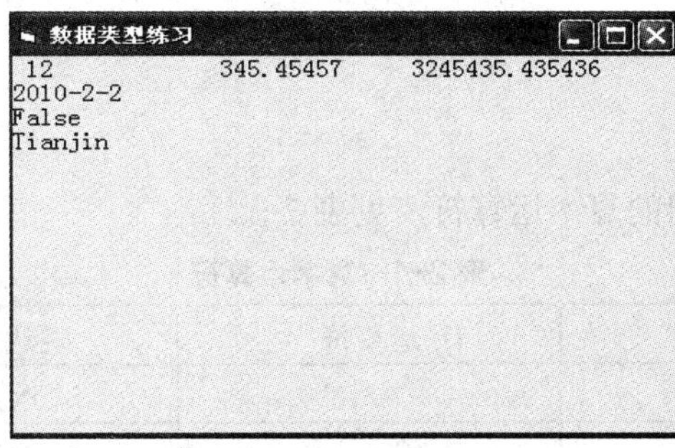

图 2-1

【实验 2-2】定义不同类型的变量用来保存实验 2-1 中那些被显示的数据，用 Print 方法将各变量的值显示到窗体中。

将上述实验中的程序代码改为如下代码：

```
Private Sub Form_Load()
Show    '显示窗体
Form1.FontSize = 12
```

```
Dim x As Integer, y As Single, z As Double      '定义多个变量，用逗号隔开
Dim k As Date, m As Boolean, s As String
x = 12: y = 345.45457 : z = 3245435.435436      '用冒号隔开同一行中的多条语句
k = #2/2/2010# :m = False : s = "Tianjin"       '将等于号右侧的常量赋值给变量
Print x, y, z      '同一行输出多个数据，各数据按标准格式输出，每个数据占 14 列
Print k
Print m
Print s
End Sub
```

执行程序，其运行结果如图 2-2 所示。

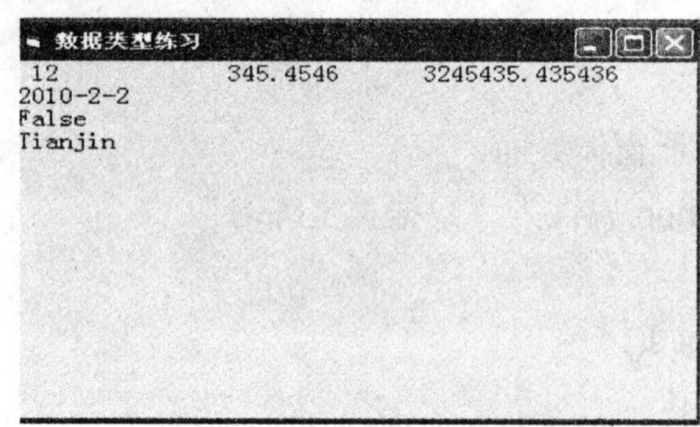

图 2-2

与实验 2-1 比较，这两个程序运行结果有何不同。

2.2 运算符与表达式

2.2.1 预备知识

1. 算术运算符

VB 提供了 8 个常用的算术运算符，见表 2-1。

表 2-1 算术运算符

运　算	运算符	表达式例子
加	+	X+Y
减	−	X−Y
取负	−	−X
乘	*	X*Y
浮点除法	/	X/Y
整数除法	\	X\Y
求余	Mod	X Mod Y
指数	^	X^Y

2. 字符串运算符

VB 中，连接两个字符串的运算符有两个："+" 与 "&"，二者功能完全一样。均是将左右两侧的字符串连接成一个新的字符串。

3. 关系运算符

VB 提供了 8 种关系运算符，见表 2-2。

表 2-2　关系运算符

运算符	测试关系	表达式例子
=	等于	X=Y
<>或><	不等于	X<.>Y
<	小于	X<Y
>	大于	X>Y
>=	大于等于	X>=Y
<=	小于等于	X<=Y
Like	比较样式	
Is	比较对象变量	

4. 逻辑运算符

用逻辑运算符连接两个或多个表达式，形成一个布尔表达式。逻辑表达式的计算结果是一个逻辑值，即 True 或 False。

VB 中提供了 6 种常用的逻辑运算符，见表 2-3。

表 2-3　常用的逻辑运算符

逻辑运算符	运算名	含　义
Not	非	由真变假或由假变真，进行"取反"运算
And	与	比较两个关系表达式，如果两个表达式同时为 True,结果为 True，否则为 False
Or	或	比较两个关系表达式，如果其中一个表达式为 True,结果为 True，否则为 False
Xor	异或	如果两个表达式同时为 True 或同时为 False，结果为 False，否则结果为 True
Eqv	等价	如果两个表达式同时为 True 或同时为 False，结果为 True，否则结果为 False
Lmp	蕴含	当第一个表达式为 True，第二个表达式为 False 时，结果为 False，否则结果为 True

5. 日期运算符

在 VB 中，日期运算符只有"+"与"-"的运算，其具体含义如表 2-4 所示。

表 2-4　日期运算符

运算符	表达式	结果类型	含　义
+	日期型+数值型	日期型	向后推算日期
	数值型+日期型	日期型	向后推算日期
−	日期型-日期型	数值型	表示两个日期之间相差的天数
	日期型-数值型	日期型	向前推算日期

6. 不同运算符的优先级

表 2-5 列出了不同运算符的优先级别。

表 2-5 运算符的优先级

运算符	优先级由高到低
算术运算符	^,－，＊, / , \ , Mod , + －
关系运算符	关系运算符运算级别相同
逻辑运算符	Not, And, Or, Xor, Eqv, Imp

2.2.2 实验内容

实验目的

- 掌握各类运算符的作用以及表达式的构成和计算。
- 掌握不同表达式构成的复杂表达式中不同运算符的优先级别。

【实验 2-3】设 a=16，b=3，c=5.2，d=3.1，求下列表达式的值。

（1）a/b, a\b

（2）a/d，a\d

（3）a Mod b, a Mod c, c Mod d

（4）a*b mod c*d

编写代码如下：

```
Private Sub Form_Load()
    Show
    a = 16: b = 3: c = 5.2: d = 3.1
    Print a / b, a \ b              '输出项之间用逗号隔开，表示按标准格式输出
    Print                           '输出一行空行
    Print a / d, a \ d              '注意整除运算和浮点除的运算
    Print
    Print a Mod b, a Mod c, c Mod d
    Print
    Print a * b Mod c + d
    Print
    Print a \ c + b ^ 2 Mod d * 2
End Sub
```

按 F5 键，运行程序，结果如图 2-3 所示。

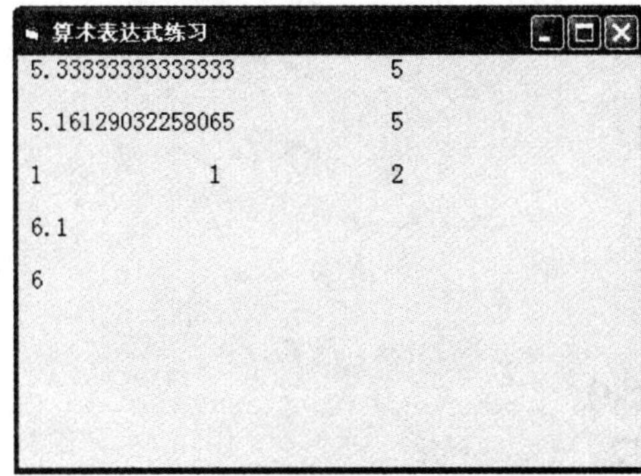

图 2-3

【实验 2-4】设 a=16，b=3，c=5.2，d=3.1，求下列表达式的值。

（1）a>b

（2）a>d And a-d<c

（3）a – b>d And　a Mod c < d Or b<c

（4）Not a*b mod c>d

编写代码如下：

```
Private Sub Form_Load()
   Show
   a = 16: b = 3: c = 5.2: d = 3.1
   Print a > b
   Print
   Print a > d And a - d < c
   Print
   Print a - b > d And a Mod c < d Or b < c
   Print
   Print a * b Mod c + d
   Print
   Print Not a * b Mod c > d
End Sub
```

按 F5 运行程序，其结果如图 2-4 所示。

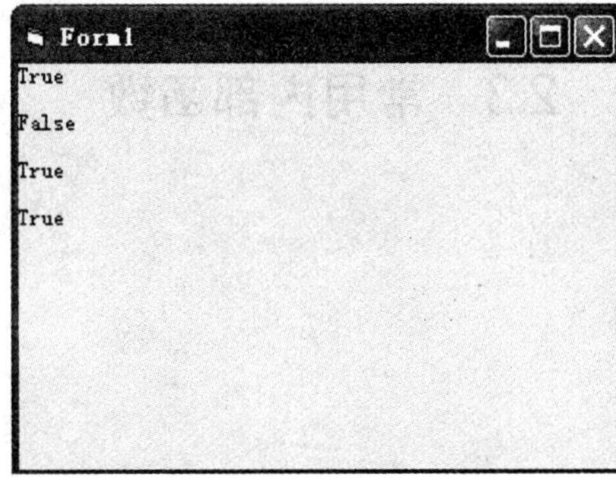

图 2-4

【实验 2-5】设 a=#2010-6-12#，b=10，c=#2010-5-15#，求下列表达式的值。

（1）a+b

（2）a-b

（3）a-c

（4）c-a

程序代码如下：

```
Private Sub Form_Click()
    Form1.FontSize = 12
    a = #6/12/2010#: b = 10: c = #5/15/2010#
    Print a + b
    Print
    Print a - b
    Print
    Print a - c
    Print
    Print c - a
End Sub
```

运行程序，其结果如图 2-5 所示。

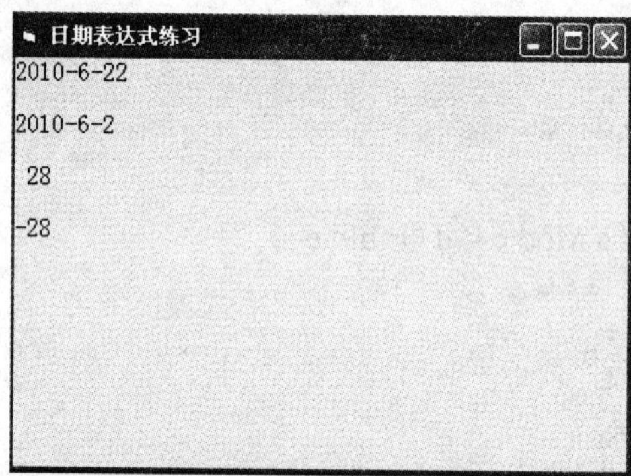

图 2-5

2.3 常用内部函数

2.3.1 预备知识

1. 常用数学函数（表 2-6）

表 2-6　常用数学函数

函数名	说　明
Abs(N)	取绝对值
Ath(N)	反正切函数
Cos(N)	余弦函数
Exp(N)	e 为底的指数函数
Log(N)	以 e 为底的自然对数
Rnd[(N)]	产生随机数
Sin(N)	正弦函数
Sgn(N)	符号函数
Sqr(N)	平方根
Tan(N)	正切函数

2. 字符串函数（表 2-7）

表 2-7　字符串函数

函数名	说　明
Ucase(C)	将英文小写字母转化成大写
Lcase(C)	将英文大写字母转化成小写
Str(N)	将数值型转化成字符串型
Val(C)	将字符串型转化成数值型
LTrim(C)	删除字符串左端空格
RTrim(C)	删除字符串右端空格
Trim(C)	删除字符串前导和尾随空格
Len(C)	返回字符串的长度
Asc(C)	字符串首字母的 ASCII 码值
Chr(N)	ASCII 所代表的字符
Space(N)	产生 N 个空格
Left(C,N)	返回字符串 C 左端开始的指定数目 N 的字符
Right(C,N)	返回字符串 C 右端开始的指定数目 N 的字符
Mid(C,N1,N2)	返回字符串 C 指定位置 N1 开始的指定数目 N2 的字符
InStr(C1,C2])	返回字符串 C1 在给定的字符串 C2 中出现的开始位置

3. 日期和时间函数（表 2-8）

表 2-8　时间和日期

函数名	说　明
Time	返回系统时间
Date	返回系统日期
Now	返回系统日期和时间
Day	返回日期代号(1～31)

续表

函数名	说　明
Month	返回月份代号(1～12)
Year	返回年份（yyyy）
Hour	返回小时（0～23）
Minute	返回分钟（0～59）
Second	返回秒（0～59）

4. 类型转换函数（表 2-9）

表 2-9　数据类型转换函数

函　数	返回类型	参数范围
CBool()	Boolean	任何有效的字符串或数值表达式
CByte()	Byte	0 至 255
CCur()	Currency	-922 337 203 685 477.5808 至+922 337 203 685 477.5807
CDate()	Date	任何有效的日期表达式
CDbl()	Double	负数：-1.79769313486232E+308 至-4.94065645841247E-324 正数：+4.94065645841247E-324 至+1.79769313486232E+308
CInt()	Integer	-32768 至 32767,小数部分四舍五入
CLng()	Long	-2147 483 648 至 2147483647，小数部分四舍五入
CSng()	Single	负数：-3.402823E+38 至-1.401298E-45 正数：+1.401298E-45 至+3.402823E+38
CStr()	Sring	依据参数返回 String
CVar()	Variant	若为数值，则范围与 Double 相同；若不为数值，则范围与 String 相同
CVErr()	Error	将实数转换成错误值

5. 格式输出函数 Format

格式输出函数语法如下：

Format（表达式，格式字符串）

其中被输出的表达式可以是数值、日期或字符串表达式；格式字符串代表数据输出的显示格式。不同类型表达式的格式说明符见表 2-10。

表 2-10　常用格式说明符

类　型	格式说明符	作　用
数值型	#	显示数字，不在前面或后面补 0
	0	显示数字，在前面或后面补 0
	.	设置小数点位置
	,	设置千位分隔符
	%	以百分数形式显示
	$	在数字前加$符显示数据
	+、-	在所显示的数据前加正号或负号
	E+、E-	设置指数格式的显示

续表

类　型	格式说明符	作　用
日期与时间型	dddddd	以完整日期表示法显示当前系统时间
	mmmm	以英文全称来表示月
	yyyy	以四位数来表示年
	Hh	以有前导零的数字来显示小时
	Nn	以有前导零的数字来显示分
	Ss	以有前导零的数字来显示秒
	ttttt	以完整时间表示法显示
	AM/PM	上午用 AM 符号表示，下午用 PM 表示
字符串	@	字符占位符。显示字符或空白。如果字符串在格式字符串中@的位置有字符存在，那么就显示出来；否则，在那个位置上显示空白。除非有感叹号（!）在格式字符串中，否则字符串占位符将自右向左被填充
	&	字符占位符。显示字符或什么都不显示。如果字符串在格式字符串中&的位置有字符存在，那么就显示出来；否则，就什么都不显示。除非有感叹号（!）在格式字符串中，否则字符串占位符将自右向左被填充
	<	强制小写。将所有字符以小写形式显示
	>	强制大写。将所有字符以大写形式显示
	!	强制由左向右填充字符占位符

6. 随机函数 Rnd

VB 提供 Rnd 函数可以产生一个随机数，其格式是：

Rnd[(x)]

它的功能是产生 0～1 之间的随机数（不含 0 和 1）。

注意：

- 当 x>0 或缺省时，返回下一个随机数；
- 当 x=0 时，返回上一个随机数；
- 当 x<0 时，返回与该数有关的随机数。

若想产生一个[B,A]之间的随机整数，应使用公式：

Int(Rnd*(B-A+1)+A)

注：为产生不同的随机数，在使用 Rnd 函数之前，先使用 Randomize 语句，以便产生不同的随机数。

2.3.2　实验内容

实验目的

- 掌握常用的各类函数。
- 掌握用 Format 函数控制数据的输出格式。
- 掌握随机函数的使用。
- 掌握常用数据类型转换函数。

【实验 2-6】 设 x=100，y = 235.56，a="123.456"，b= "Tian jin "，d=#2010-6-5#，请计算以下函数的值。

（1）Sqr(x), Int(y)　　（2）Abs(y)　　（3）Val(a)

（4）LCase(b), UCase(b)　　（5）Mid(b, 3, 4)　　（6）Asc(Mid(b, 2, 3))

（7）Len(b)　　（8）Date, Now, Year(d), Weekday(d)

编写代码如下：

```
Private Sub Form_Click()
  x = 100: y = 235.56  :  a = "123.456" :  b = "Tian jin" :    d = #6/5/2010#
  Print Sqr(x), Int(y)
  Print
  Print Abs(y)
  Print
  Print Val(a)
  Print
  Print LCase(b), UCase(b)
  Print
  Print Mid(b, 3, 4)
  Print
  Print Asc(Mid(b, 2, 3))
  Print
  Print Len(b)
  Print
  Print Date, Now, Year(d), Weekday(d)
End Sub
```

运行程序，结果如图 2-6 所示。

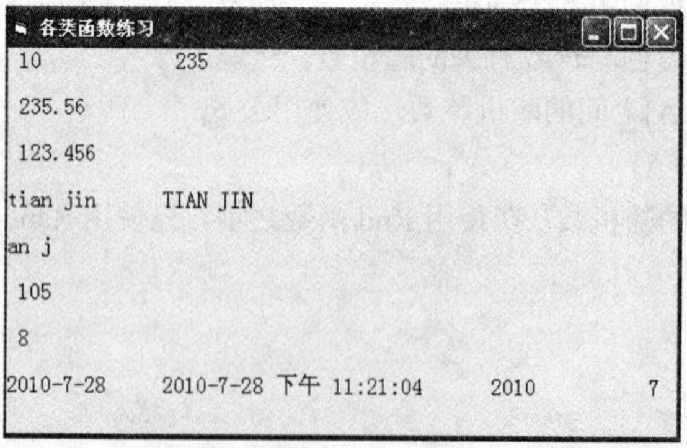

```
各类函数练习
 10            235
 235.56
 123.456
tian jin      TIAN JIN
an j
 105
 8
2010-7-28     2010-7-28 下午 11:21:04      2010         7
```

图 2-6

【实验 2-7】 利用随机函数产生 3 个（100，200）之间的整数，请计算出这三个随机数的平均值。

方法分析：

① 为使产生的随机数不同，应在程序中使用 Randomize 语句；

② 利用公式 Int(Rnd(200-100+1)+100)产生 3 个随机整数；

③ 由于单击命令按钮后，才产生随机数，计算三个数的和以及平均值，最后将结果显示到相应标签中，因此程序代码应该编写在命令按钮的 Click 事件中。

具体步骤如下：

① 在窗体上添加 1 个命令按钮和 4 个标签。

② 按表 2-11 修改窗体及各控件属性。

表 2-11　各对象的属性值

对　象	属　性	设置属性值
Form1	Caption	空
Command1	Caption	产生随机数
Label1	Caption	空
Label2	Caption	空
Label3	Caption	空
Label4	Caption	空

③ 编写代码。

```
Private Sub Command1_Click()
    Randomize                  '为避免产生相同的随机数
    Dim x As Integer, y As Integer, c As Integer
    Dim s As Single
    x = Int(Rnd * (200 - 100 + 1) + 100)       '产生一个 100～200 之间的随机数
    y = Int(Rnd * (200 - 100 + 1) + 100)
    z = Int(Rnd * (200 - 100 + 1) + 100)
    s = (x + y + z) /3         '计算平均值
    Label1.Caption = "第一个随机数是" & x
    Label2.Caption = "第二个随机数是" & y
    Label3.Caption = "第三个随机数是" & z
    Label4.Caption = "平均值为：" & s
End Sub
```

④ 运行程序，其结果如图 2-7 所示。

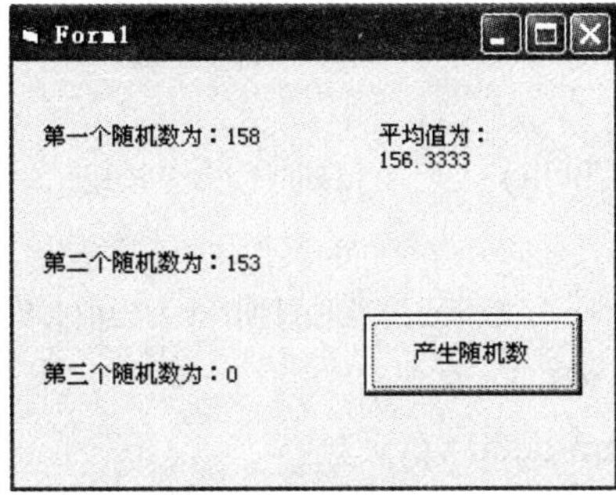

图 2-7

【实验 2-8】练习 Format 函数的使用。在窗体上添加 3 个命令按钮，分别代表“数字格式”、“字符格式”和“日期时间格式”，单击相应按钮，可以将不同类型数据按格式输出到窗体。

程序代码如下：

```
Private Sub Form_Load()
    Form1.FontSize = 14          '设置窗体上显示字符的字号大小
End Sub
Private Sub Command1_Click()     '数字格式命令按钮
    Cls        '删除输出到窗体上的字符
    Print Format(12345, "##########"),
    Print Format(12345, "0000000000")
    Print Format(12345, "###"),
    Print Format(12345, "000")
    Print Format(145.678, "####.####"),
    Print Format(145.678, "0000.0000")
    Print Format(145.678, "####.#"),
    Print Format(145.678, "0000.0")
    Print Format(145.678, "##.#"),
    Print Format(145.678, "00.0")
    Print Format(0.0123, "00.00%")
    Print Format(235.8, "$000.00")
    Print Format(123.456, "0.00E+00")
End Sub
Private Sub Command2_Click()     '字符格式命令按钮
    Cls
    Print Format("China Tianjin", "<"),     '将字符强制以小写格式显示
    Print Format("China Tianjin", ">")      '将字符强制以大写格式显示
    Print Format("China Tianjin", "@@@@@@@@@@@@@@@@"),
    Print Format("China Tianjin", "&&&&&&&&&&&&&&&&")
    Print Format("china Tianjin", "!@@@@@@@@@@@@@@@@")
                                            '强制由左向右填充字符
End Sub
Private Sub Command3_Click()     '日期时间命令按钮
    Cls
    d = Date: t = Time          ' 变量 d 为当时日期，t 为当前时间
    Print Format(d, "m/d/yy")
    Print Format(d, "mmmm-dddd-yyyy")
    Print Format(t, "h-m-s AM|PM")
```

```
    Print Format(t, "hh:mm:ss A|P")
End Sub
```

分别单击三个按钮，运行结果分别如图 2-8 至图 2-10 所示。

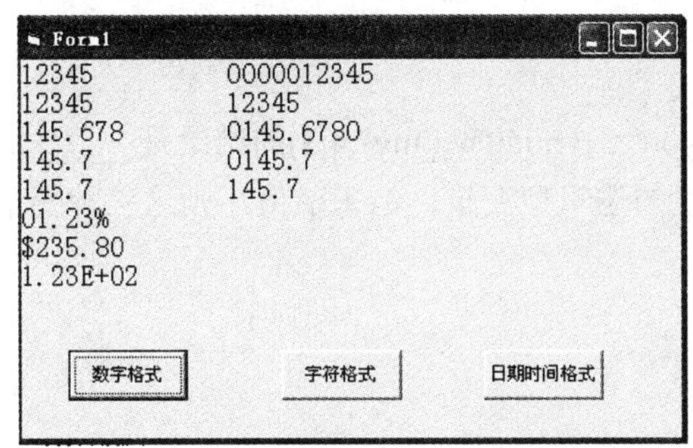

图 2-8

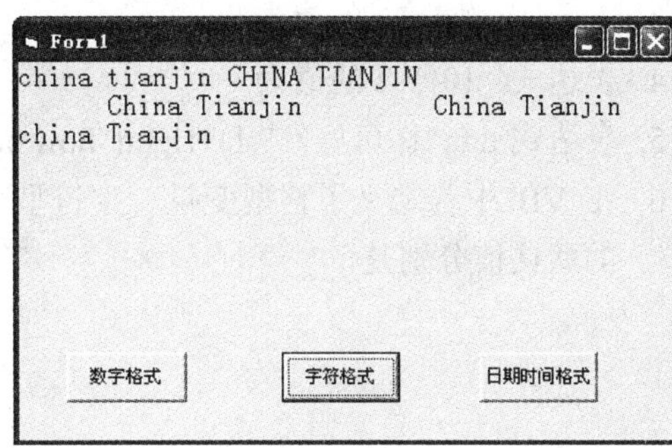

图 2-9

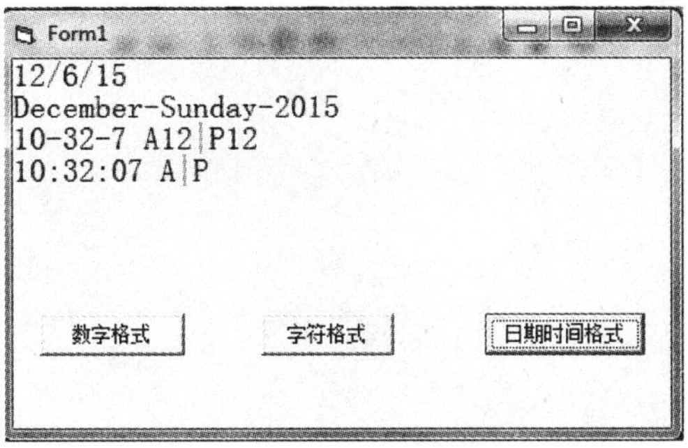

图 2-10

2.4　综合练习

填空题

1. 与数学表达式 $\cos^2(a+b)/3x+5$ 对应的 VB 表达式是______。
2. 函数 Int(8.5)+0.6 的结果是______。
3. VB 中，变量名只能由______、______和______组成，且只能以______开头。
4. 字符串函数 Mid("beijing",4,2) 的结果是______。
5. VB 中布尔运算符 Xor、Or 、Eqv 和 And 中，运算级别最高的运算符是______。
6. 表达式"12"+"34"的值是______，表达式"12"&"34"的值是______，表达式"12+34"的值是______。
7. 设 A=3, B=2.3, C=4.6, 布尔表达式 A<B And C>A OR Not C>B 的值是______。
8. 设 a="456"，b="789"，则语句 Print a+b 的结果是______。
9. 在 VB 中，货币型数据用______个字节来存储。

10. 语句 Print Format (7123456.2，"000,000.00")的输出结果是______。
11. 如果一个变量未经过定义，则该变量属于______类型变量。
12. 表达式 Abs(−6)+Len("abcdefg")的值是______。
13. 若 a=3，则−a^3 的值为______。
14. 表达式(−10)^−2 的值为______。
15. 表达式 left("你可好？",1)+right("how are you",3)+mid("beijing",4,3)的结果是______。
16. 在 VB 中若定义了整型变量、字符型变量与逻辑型变量，但未赋值，则这三种变量的默认值分别是______。

第 3 章　VB 可视化编程的概念与方法

3.1　可视化编程的基本概念

3.1.1　预备知识

1. VB 编程机制

① 对象的概念

在现实生活中，任何一个实体都是对象；在 VB 中，对象是一组程序代码和数据的集合。

② 对象的属性

属性是对象具有的特征，不同的对象有不同的属性。

设置对象属性的两种方法是：

a) 选择要设置的对象，在属性窗口中直接设置对象属性。

b) 在程序中设置，其语法格式是：

对象名称.属性名称=属性值

注意：有些对象属性只能在属性窗口或程序运行过程中设置。

③ 对象的事件

事件是指能够被对象识别的动作。每个对象都有一个由 VB 预先设定好的事件集。例如，单击（Click）事件、双击（DblClick）事件、装载（Load）事件等事件。不同的对象所能够识别的事件是不一样的。

④ 对象的方法

所谓“方法”实际上是 VB 提供的一种特殊的子程序，用以完成一定的操作或者实现一定的功能。

方法与事件过程不同，所完成的处理功能是固定的，而且不同对象的方法可以重名。

2. VB 编程基本步骤

① VB 应用程序开发基本步骤

a) 创建工程；

b) 设计应用程序界面；

c) 设置对象属性；

d) 编写程序代码；

e) 运行与调试程序；

f) 保存工程；

g) 编译生成可执行文件。

② 控件的画法、缩放、移动与删除

a) 控件的画法

- 用鼠标双击工具箱内所需控件，在窗体的正中央出现一个标准大小的控件；
- 用鼠标单击工具箱内所需控件，将鼠标指针移到窗体中，鼠标变为一个十字线，将十字线移动到合适的位置（此位置代表所画控件的左上角位置），按下鼠标左键并拖动鼠标画出合适大小的方框（此方框就代表将来所画控件的大小）后释放鼠标左键，完成一个控件在窗体窗口中的绘制。

b) 控件的缩放

选定控件后，把鼠标指针指向控件周围的某一控点，当出现双向箭头时，按下鼠标左键并拖动鼠标可改变控件的大小。

c) 控件的移动

选定控件后，把鼠标指针指向控件的内部，按下鼠标左键并拖动鼠标，即可实现控件的移动。

d) 控件的删除

删除选定控件的方法有如下几种：

- 按键盘的 Delete 键；
- 按鼠标右键选择快捷菜单中的“删除”命令；
- 选择菜单栏中“编辑”下的“删除”命令；
- 选择工具栏中的“剪切”按钮。

③ 设置属性

鼠标点击要设置属性的控件，在属性窗口左侧属性列表中选择要设置的属性，在右侧选择或输入属性值。

④ 打开代码编辑窗口的几种方法：

a) 双击窗体或窗体中的控件；

b) 在窗体任意位置单击鼠标右键，在出现的快捷菜单中选择“查看代码”；

c) 在工程资源管理器窗口选择要编写代码的窗体，然后选取“查看代码”按钮；

d) 选择“视图”菜单中的“代码窗口”命令；

⑤ 运行程序的方法有如下几种：

a) 选择“运行”菜单中的“启动”命令；

b) 单击工具栏中的“启动”按钮；

c) 按 F5 键。

⑥ 保存工程

选择“文件”菜单中的“保存工程”命令，出现“文件另存为”窗口，选择窗体文件保存的位置并输入窗体文件的名称，点击“保存”按钮，完成了窗体文件的保存；紧接着出现“工程另存为”窗口，同样选择工程文件保存的位置并输入工程文件名，单击“保存”，从而完成整个工程的保存。

保存工程的方法还有：

a) 从“工具栏”中选择“保存工程”按钮；

b) 执行组合键 ALT+Q，也可保存工程。

⑦ 生成可执行文件

选择“文件”菜单中的“生成可执行文件”命令，出现“生成工程”对话框，选择可执行文件将来保存的位置并输入可执行文件的新名称，单击“确定”按钮即可完成可执行文件的生成，并将可执行文件保存到指定的位置。

3.1.2 实验内容

实验目的

- 掌握标准控件的画法、属性设置及基本操作。
- 掌握打开代码窗口的几种方法。
- 掌握开发 VB 应用程序的基本步骤。
- 掌握 VB 应用程序的保存、运行以及可执行文件的生成。

【实验 3-1】 创建一个简单的应用程序，该应用程序由一个文本框和两个命令按钮组成。单击“显示”命令按钮时，文本框出现“欢迎使用 VB 程序设计”；单击“清空”命令按钮时，清除文本框中的内容。

具体步骤如下：

① 启动 VB，进入 VB 集成开发环境，在窗体窗口中添加 2 个命令按钮控件和 1 个文本框控件。

② 将窗体、命令按钮和文本框的属性按表 3-1 进行设置，其余属性则采用默认值，设置后的界面如图 3-1 所示。

表 3-1　属性设置列表

对　象	属　性	设置属性值
Form1	Caption	程序练习 1
Text	Text	空（Empty）
Command1	Caption	显示
Command2	Caption	清空

③ 编写代码。

双击窗体进入代码窗口，在代码窗口的对象列表框中选择“Command1”，在右侧事件列表框中选择“Click”过程名（图 3-2），这时事件过程的模板已经显示在代码窗口中（图 3-3），在 Private Sub Command1_Click()与 End Sub 语句之间输入下面的代码：

```
Text1.text="欢迎使用 VB 程序设计"
```

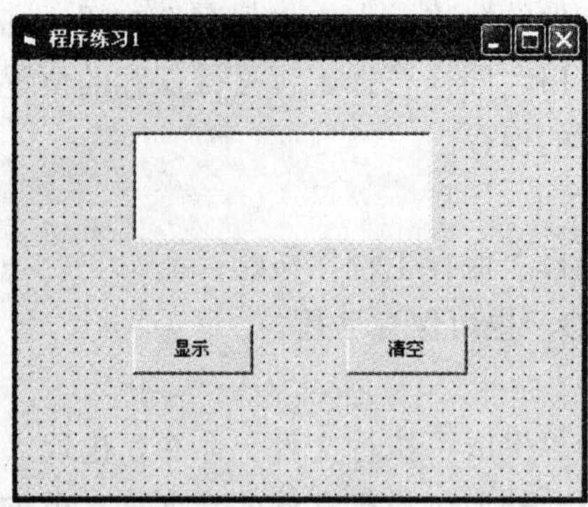

图 3-1

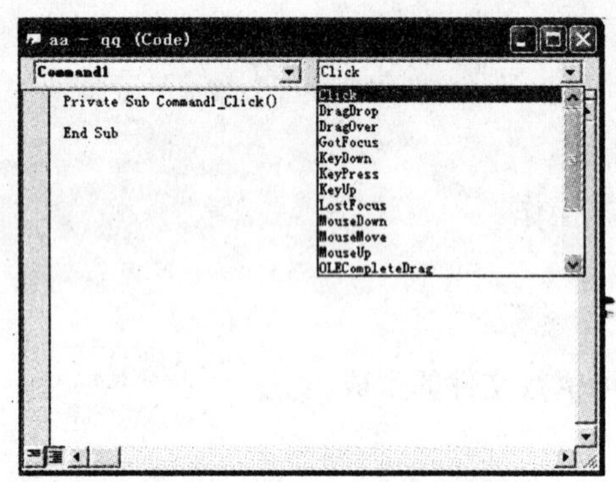

图 3-2

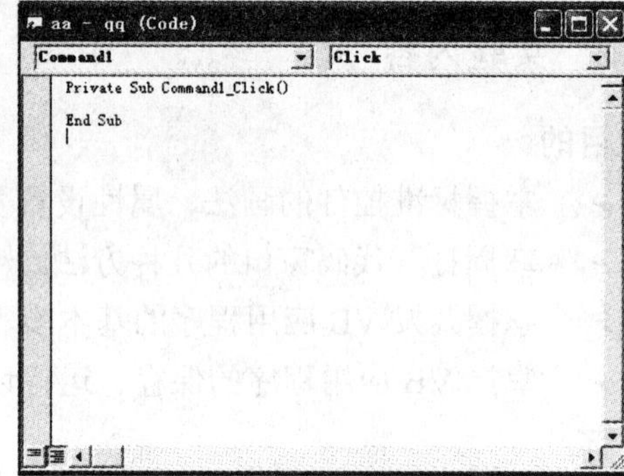

图 3-3

继续在代码窗口的对象列表框中选择“Command2”对象，在右侧事件列表框中选择“Click”过程名，在代码窗口中 Private Sub Command2_Click()与 End Sub 语句之间输入如下代码：

Text1.text=""

④ 运行与调试程序。

按 F5 键，在程序运行过程中单击“显示”命令按钮，则出现如图 3-4 所示界面；按“清空”按钮，则出现如图 3-5 所示界面；重新按“显示”按钮，则又出现图 3-4 的界面。

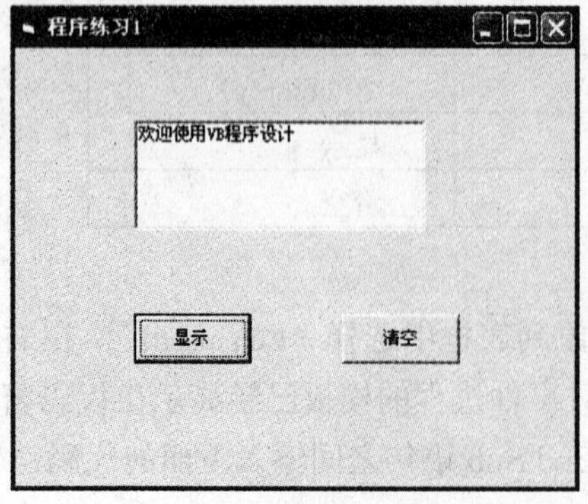

图 3-4

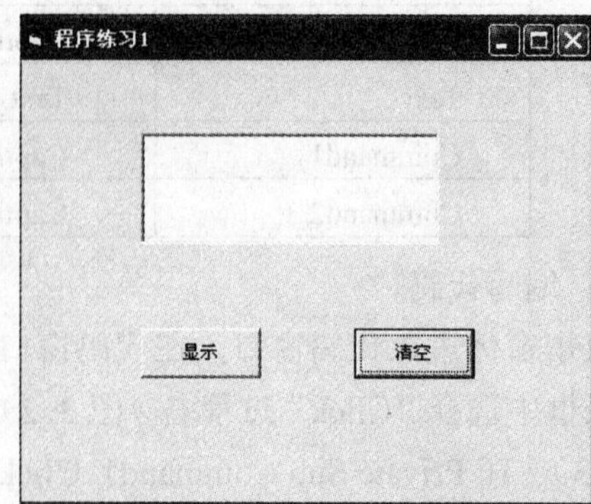

图 3-5

⑤ 保存工程。

单击工具栏中的“保存工程”按钮（也可用其他保存工程方法），出现“文件另存为”窗口，选择窗体文件保存的位置并输入窗体文件的名称，点击“保存”按钮；在“工程另存为”窗口，选择工程文件保存的位置并输入工程文件名称，点击“保存”按钮。

⑥ 生成可执行文件。

选择“文件”菜单中的“生成可执行文件”命令，出现“生成工程”对话框，选择保存位置并输入可执行文件的新名称，单击“确定”按钮即可完成可执行文件的生成。

【实验 3-2】创建一个简单的应用程序，该应用程序由 1 个标签和 1 个命令按钮组成。标签中原显示的内容是“请注意”，当单击“单击此处”按钮后，标签中内容改变为“内容变了，注意到了么！”

具体步骤如下：

① 启动 VB，进入 VB 集成开发环境，在窗体窗口中添加 1 个命令按钮和 1 个标签，并将命令按钮和标签移动到合适的位置。

② 按表 3-2 设置窗体及各控件的属性，其余属性采用默认值（设置后的界面如图 3-6）。

表 3-2　属性设置列表

对　象	属　性	设置属性值
Form1	Caption	程序练习 2
Lable1	Caption	请注意
Command1	Caption	单击此处

③ 编写代码。

在代码窗口的对象列表框中选择“Command1”对象，在右侧事件列表框中选择“Click”过程名。在 Private Sub Command1_Click()与 End Sub 语句之间输入如下代码：

参见 Label1.Caption = "内容变了，注意到了么！"

④ 按 F5 键运行程序，单击窗体中的“单击此处”命令按钮，则出现如图 3-7 的运行结果。

⑤ 保存工程（方法同实验 3-1）并生成可执行文件。

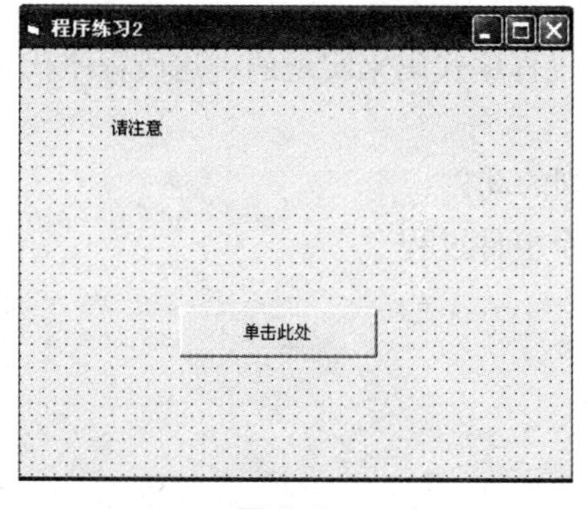

图 3-6

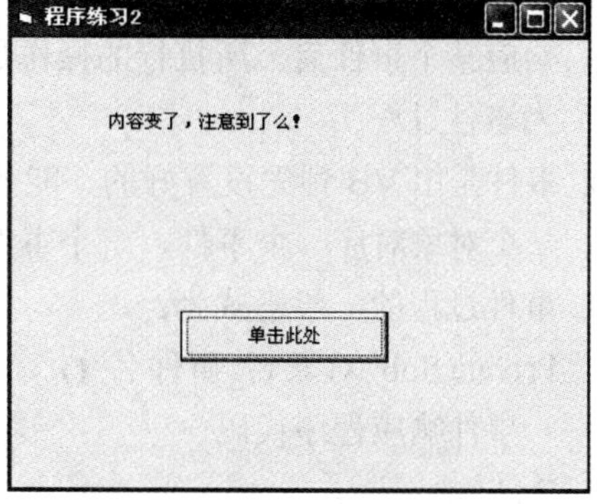

图 3-7

3.2 综合练习

选择题

1. VB 设计应用程序时工程文件的扩展名是（ ）。

   A. .frm　　B. .bas　　C. .vbp　　D. .vbg

2. 关于 VB 中“方法”的概念，下列错误的是（ ）。

   A.“方法”是对象的一部分　　B.“方法”是预先定义好的操作

   C.“方法”是对事件的响应　　D.“方法”用于完成某些特定的功能

3. 以下说法正确的是（ ）。

   A. 属性值的设置只可以在属性窗口中设置

   B. 属性是对象的特性，所有的对象都有相同的属性

   C. 属性的一般格式为属性名—属性名称

   D. 对象是有特殊属性和行为方法的实体

4. 对象可执行的动作与可被对象所识别的动作分别被称为（ ）。

   A. 过程、事件　　B. 方法、事件　　C. 属性、方法　　D. 事件、方法

5. 以下说法正确的是（ ）。

   A. VB 中一个工程最多可以包含 256 个窗体文件

   B. 一个窗体对应一个窗体文件

   C. VB 中一个工程只包含一个窗体

   D. 窗体文件的扩展名是.vbp

6. 下列叙述中错误的是（ ）。

   A. 所有在 VB 中的对象都具有相同的属性项

   B. 设置属性的方法有两种

   C. 属性用来描述和规定对象应具有的特征和状态

   D. VB 的同一类对象都具有相同的属性和行为方式

7. 以下关于事件的说法，错误的是（ ）。

   A. 响应某个事件后，所执行的操作是通过一段程序代码来实现的，这段程序代码称为事件过程

   B. 事件是由 VB 预先设置好的、能被对象识别的动作

   C. 一个对象对应一个事件，一个事件对应一个事件过程

   D. 事件过程的一般格式为：

   ```
   Private Sub 对象名_事件名 ()
     事件响应程序代码
   End Sub
   ```

8. 应用程序设计完成后，应将程序文件保存，保存的文件是（　）。

A. 只保存窗体文件即可

B. 只保存工程文件即可

C. 先保存工程文件，之后再保存窗体文件

D. 先保存窗体文件（和标准模块文件），之后再保存工程文件

9. 在程序设计过程中，双击窗体的任何地方，打开的窗口是（　）。

A. 代码窗口　　B. 工程管理器窗口

C. 属性窗口　　D. 以上三个选项都不对

10. VB 中，构成对象的三要素是（　）。

A. 属性、控件和方法　　B. 属性、事件和方法

C. 窗体、控件和过程　　D. 控件、过程和模块

第 4 章　顺序结构

在 VB 中，我们将待解决问题求解步骤的描述称之为算法。任何算法都是通过 3 种基本控制结构（顺序结构、选择结构与循环结构）或这 3 种基本结构的组合来完成的。这 3 种控制结构是组成各种复杂程序的基本元素，是结构化程序设计的基础。

顺序结构是一种最简单的算法结构，其算法的每一个操作都是按从上到下的线性顺序来执行的，此时算法的执行顺序也就是语句的书写顺序。

一般情况下，一个完整的程序应该包括 4 个部分：

- 说明部分：说明程序中使用的变量的类型、初始值、特性等；
- 输入部分：输入程序中需要处理的原始数据；
- 加工部分：对程序中的数据按需要进行加工和处理；
- 输出部分：将结果以某种形式进行输出。

4.1　数据输出

4.1.1　预备知识

1. 用标签控件输出文本

标签主要用于显示一小段文本信息，标签的内容只能用 Caption 属性进行设置或修改，不能直接编辑。

① 标签的基本属性（表 4-1）

表 4-1　标签的常见基本属性

属　性	属性说明
Name	名称属性，用于设置标签的名称
Caption	设置标签上显示的文字
AutoSize	设置能否根据 Caption 大小调整标签大小
Alignment	设置标签放置时的对齐方式。其值可为 0、1 或 2，分别表示左对齐、右对齐和居中显示
BorderStyle	设置标签是否有边框，其值为 0 或 1。默认值为 0 表示无边框，1 表示有单线边框
Left	设置标签距窗体左边界的距离
Top	设置标签距窗体上边界的距离

续表

属　性	属性说明
WordWrap	设置标签中所显示的文本能否自动换行。当 Caption 的长度大于标签的长度时，是垂直方向（True）还是按水平方向（False）扩充以适应 Caption 的长度，并且 AutoSize 值为 True 时，此属性才有效

② 标签控件的常用事件（表 4-2）

表 4-2　标签控件的常用事件

事件名称	触发条件	调用事件过程
Change	标签的 Caption 内容发生变化时	标签名_Change()
Click	在标签控件上单击鼠标	标签名_ Click()
DbClick	在标签控件上双击鼠标	标签名_ DbClick()
MouseMove	鼠标移动经过标签控件	标签名_ MouseMove()
MouseDown	在标签控件上按下鼠标，先于 Click 事件发生	标签名_ MouseDown()
MouseUp	在标签上按下鼠标后松开，后于 Click 事件发生	标签名_ MouseUp()

③ 标签控件的常用方法（表 4-3）

表 4-3　标签控件常用方法

名　称	功　能	语　法
Move	把标签移动到一个给定坐标位置	标签名.Move X, Y, Width, Height 其中 X 和 Y 代表目标位置左上角点的坐标，Width 和 Height 参数表示在移动到日标位置后，对象的宽度和高度，达到修改标签大小

标签可以输出任意类型的数据，只需将显示的文本内容赋值给标签的 Caption 属性即可。

例如有如下程序段：

```
Private Sub Form_Click()
  Label1.Caption "我们共同努力"
End Sub
```

当系统装载窗体时，即可在窗体的标签中显示“我们共同努力”。

2. 用 Print 方法输出文本

其语法格式：

[<对象名>].Print[<表达式表>][,|;]

其中：

- <对象名>可以是窗体、立即窗口、图片框、打印机等。
- 表达式表是指可以同时输出若干个表达式的值，这些表达式可以是算术表达式、字符串表达式、关系表达式或布尔表达式，各表达式之间用逗号或分号隔开。
- 若各表达式间用逗号“,”分隔开，表示显示格式为标准格式，每隔 14 列开始一个打印区。

- 若各表达式间用分号“;”隔开，表示显示格式为紧凑式，此时将在每个数值后面增加一个空格，如果数值为正数，将把正号显示为空格。
- 与 Print 相关的函数（表 4-4）。

表 4-4 与 Print 相关的函数

函 数	格 式	功 能
Tab	Tab(n);表达式	把光标移到参数 n 指定的位置，从此位置开始输出表达式值
Space	Space(n);表达式	跳过 n 个空格输出表达式值

3. MsgBox 语句与 MsgBox 函数

① MsgBox 语句

MsgBox语句不仅可以输出消息内容，还可在输出消息的同时输出一个图标。格式如下：

MsgBox <消息内容>[,<对话框类型>[,<对话框标题>]]

其中，图标类别有 4 种类型，具体见表 4-5。

表 4-5 MsgBox 语句对话框的 4 种类型

图 标	常 量	值
停止图标	16	VbCritical
问号图标	32	VbQuestion
感叹号图标	48	VbExclamation
信息号图标	64	VbInformation

② MsgBox 函数

MsgBox 函数具体使用格式为：

<变量>=MsgBox (<消息内容>[, <对话框类型>[, <对话框标题>]])

MsgBox 函数返回一个整数，返回值代表用户所选择的按钮类型，返回值参见表 4-6。

表 4-6 MsgBox 函数的返回值

返回值	所选择的按钮	符号常量
1	确定	vbOK
2	取消	vbCancel
3	终止	vbAbort
4	重试	vbRetry
5	忽略	vbIgnore
6	是	vbYes
7	否	vbNo

相关参数说明见表 4-7。

表 4-7　相关参数值表

分　类	常　数	值	描　述
按钮类别	vbOKOnly	0	只显示确定按钮
	vbOKCancel	1	显示确定和取消按钮
	vbAbortRetryIgnore	2	显示放弃、重试和忽略按钮
	vbYesNoCancel	3	显示是、否和取消按钮
	vbYesNo	4	显示是和否按钮
	vbRetryCancel	5	显示重试和取消按钮
图标类别	vbCritical	16	显示临界信息图标
	vbQuestion	32	显示警告查询图标
	vbExclamation	48	显示警告消息图标
	vbInformation	64	显示信息消息图标
默认按钮	vbDefaultButton1	0	第一个按钮为默认按钮
	vbDefaultButton2	256	第二个按钮为默认按钮
	vbDefaultButton3	512	第三个按钮为默认按钮
	vbDefaultButton4	768	第四个按钮为默认按钮
消息框样式	vbApplicationModal	0	应用程序模式：用户必须响应消息框才能继续在当前应用程序中工作
	vbSystemModal	4096	系统模式：在用户响应消息框前，所有应用程序都被挂起

4.1.2　实验内容

实验目的

- 掌握标签控件的属性设置方法。
- 掌握标签控件的常用事件。
- 掌握标签控件的常用方法。

【实验 4-1】用 Print 方法输入数据。

程序代码如下：

```
Private Sub Form_Load()
    Show
    a = 5: b = -7: c = -12
    Print a, b, c       '三个变量的值之间按标准格式输出
    Print a; b; c       '三个变量的值之间按紧凑格式输出
    Print a, b; c       '变量 a 与 b 之间按标准格式输出，而 b 与 c 之间按紧凑格式输出
End Sub
```

其执行结果如图 4-1 所示。

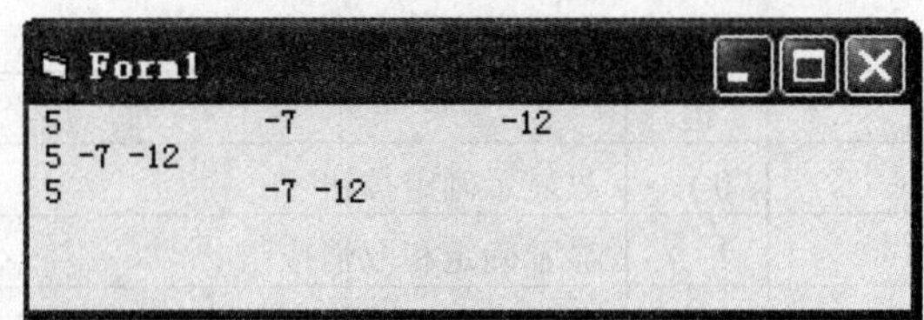

图 4-1

【实验 4-2】用 Print 方法相关函数输入数据。

```
Private Sub Form_ Activate ()
    a = 5: b = -7: c = -12
    Print Tab(3); a; Tab(6); b; Tab(9); c
    Print Space(3); a; Space(3); b; Space(3); c
    Print Tab(3); a; Tab(6); b; Space(4); c
End Sub
```

其执行结果如图 4-2 所示。

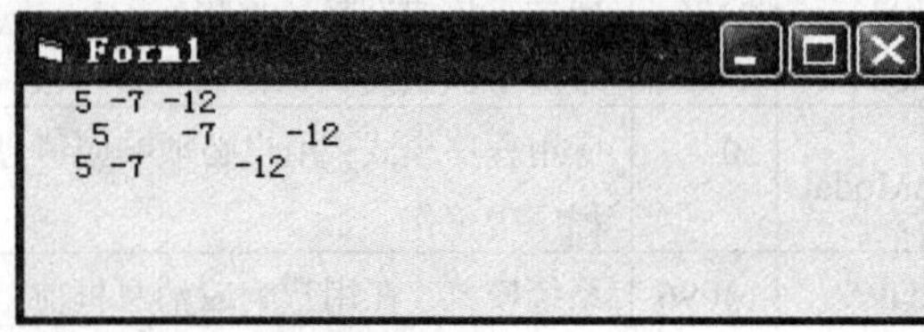

图 4-2

【实验 4-3】设计窗体界面如图 4-3 所示，当单击“更改内容”按钮时，标签 Label1 的内容由“这是原有内容”更改为“标签内容发生了变化”；当标签 Label1 的内容发生变化后，标签 Label2 中显示“标签 1 的提示信息已更改，注意到了么”。

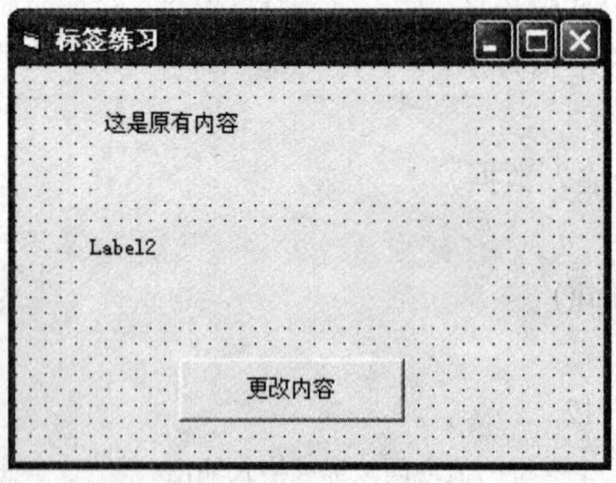

图 4-3

方法分析：

① 单击“更改内容”按钮触发了该控件的 Click 事件，在此事件过程中应完成的功能是更改 Label1 的 Caption 属性值，从而达到修改标签显示内容的目的。

② 由于标签 Label1 的内容发生变化，所以触发了标签 Label1 的 Change 事件，在此事件过程中修改标签 Label2 中的 Caption 属性值为“标签 1 的提示信息已更改，注意到了么”。

具体步骤如下：

① 在窗体 Form1 中添加 1 个命令按钮，2 个标签。

② 窗体及各控件的基本属性按表 4-8 设置，设置后的界面如图 4-3 所示。

表 4-8　各控件属性值表

对　象	属　性	设置属性值
Form1	Caption	标签练习
Label1	Caption	这是原有内容
Command1	Caption	更改内容

③ 编写代码。

```
Private Sub Command1_Click()
  Label1.Caption = "标签内容发生了变化"        '修改 Label1 的 Caption 属性
End Sub
Private Sub Label1_Change()            '由于 Label1 的 Caption 属性值发生变化，触发了 Change
                                        事件
  Label2.Caption = "标签 1 的提示信息已更改，注意到了么"
End Sub
```

④ 按 F5 运行程序，单击“更改内容”按钮，程序运行结果如图 4-4 所示。

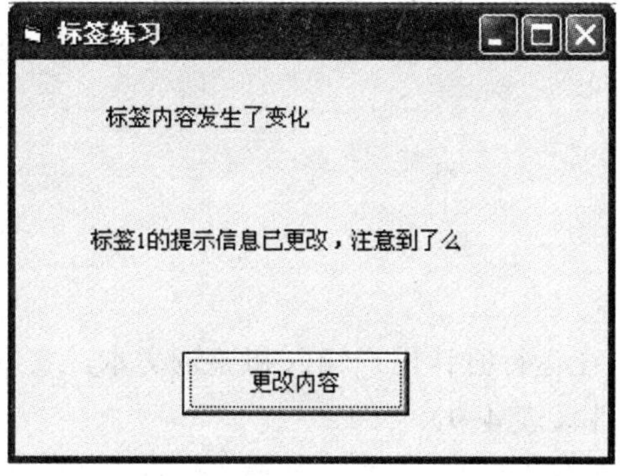

图 4-4

⑤ 保存工程并生成可执行文件。

4.2　常用基本语句

1. 为变量赋值

① 为变量赋初值的语法格式为：

[Let]　<变量名>=<表达式>

其中，表达式可以是任何数据类型的表达式。如：a=3，b=2*a+4，c=Int(-9.4)等。

② 为对象属性赋值的一般方法：

<对象>.<属性>=<值>

如：label1.Caption="你好"

③ 如果对同一对象的几个属性赋值，可以用 With-End With 语句赋值。如：

```
With Form1
    .Caption = "确定"
    .BackColor= VbGreen
    .FontSize=20
End With
```

2. 卸载对象语句 UnLoad

卸载对象语句的格式为：

UnLoad　<对象名>

可用 Me 来表示当前所在有窗体对象。

3. 注释语句

注释语句的格式为：

Rem <注释内容>　或 '<注释内容>

4.3　输入数据

4.3.1　预备知识

1. 用文本框控件输入文本

用 TextBox 控件可以在运行时让用户输入和编辑文本，文本框也可以显示文本。

① 文本框控件的基本属性（表 4-9）

表 4-9　文本框控件的基本属性

属　性	属性说明
Name	名称属性，用于设置文本框的名称
Text	文本框中显示的文本内容
Alignment	设置文本框中文本的对齐方式
MultiLine	设置是否允许多行显示
ScrollBars	当 MultiLine 为 True 时，为文本框设置滚动条。0（None）为不含滚动条（默认值），1（Horizontal）为含有水平滚动条，2（Vertical）为含垂直滚动条，3（Both）为含有垂直和水平滚动条
PasswordChar	设置一个字符，当文本框用于输入密码时以该字符代替所输入的字符
Locked	设置用户能否编辑
SelStart	设置被选定文本起始位置，第一个字符的位置是 0。只在运行阶段有效

续表

属　性	属性说明
SelLength	设置被选定文本的长度。只在运行阶段有效
SelText	选定文本的内容。只在运行阶段有效

② 文本框控件的常用事件（见表 4-10）

表 4-10　文本框控件的常用事件

事件名称	触发条件	调用事件过程
Change	程序运行时用户输入或改变 Text 属性值	文本框名_ Change()
Gotfocus	文本框获得输入焦点	文本框名_ Gotfocus()
Lostfocus	文本框失去输入焦点	文本框名_ Lostfocus()
KeyPress	当用户按下并且释放键盘上的一个键时	文本框名_ KeyPress()

③ 文本框控件的常用方法（表 4-11）

表 4-11　文本框控件的常用方法

名　称	功　能	语　法
Setfocus	窗体中有多个文本框时，可以用此方法把焦点移动到指定的文本框中	文本框名. Setfocus
Move	将文本框移动到指定的位置	文本框名.Move

2. 用 InputBox 函数输入数据

InputBox 函数显示提示用户输入数据的对话框，并返回用户在对话框中输入的值。

常用格式如下：

<变量>=InputBox(<消息内容> [,<对话框标题] [, <默认内容>])

其中参数说明见表 4-12。

表 4-12　InputBox 函数中参数说明

参　数	意　义
Prompt	显示在对话框中的提示信息，用来提示用户输入数据
Title	对话框的标题
Default	在没有其他输入时作为默认的输入值
Xpos	对话框与屏幕左边界的距离
Ypos	对话框与屏幕右边界的距离
HelpFile	用于表示帮助文件的名字
Context	用来表示相关帮助主题的帮助目录编号

3. 焦点与 Tab 键序

① 改变焦点的方法

a) 利用 SetFocus 设置焦点

代码格式为：<对象>.SetFocus

b) 程序运行时改变焦点

可用下列方法之一改变焦点：

- 鼠标单击对象；
- 按 Tab 键；
- 按热键选择对象。

② Tab 键序

通过对象的 TabIndex 属性设置可修改，VB 分配给控件的 TabIndex 属性默认值为 0，第二个为 1，以此类推。

4. 框架（Frame）控件

框架相当于一个容器，可以放置其他类型的控件，当框架移动或更改大小时，框架内的控件会随着一起发生相应的变化。

① 框架（Frame）控件的基本属性（表 4-13）

表 4-13　框架（Frame）控件的基本属性

属　性	说　明
Name	名称属性，用于定义框架的名称
Caption	设置框架显示的标题

② 框架（Frame）控件的常用事件（表 4-14）

表 4-14　框架（Frame）控件的常用事件

事件名称	触发条件	调用事件过程
Click	鼠标单击框架	框架名_ Click ()
DbClick	鼠标双击框架	框架名_ DbClick ()

4.3.2　实验内容

实验目的

- 掌握文本框控件的属性设置方法。
- 掌握文本框控件的常用事件。
- 掌握文本框控件的常用方法。

【实验 4-4】 在窗体上添加 1 个文本框，3 个标签，和 1 个命令按钮，在文本框中输入一个数代表圆的半径，请计算出相应圆的面积并显示到标签中。

方法分析：

从问题中可以看出，计算圆的面积以及显示计算结果均发生在单击命令按钮后，故应将计算面积的公式以及输出语句编写在命令按钮的 Click 事件过程中。

具体步骤如下：

① 在窗体中添加 1 个文本框，3 个标签，和 1 个命令按钮。

② 将窗体及各控件的属性值按表 4-15 进行设置，设计的界面如图 4-5 所示。

表 4-15　各对象的属性值

对　象	属　性	设置属性值
Text1	Text	空
Label1	Caption	圆的半径
Label2	Caption	圆的面积
Label3	Caption	空
Command1	Caption	计算

图 4-5

③ 编写代码。

```
Private Sub Command1_Click()
   Dim r As Single      '输入的半径 r 可能会是浮点数
   Dim s As Single
   r = Val(Text1.Text)      'Val 将文本框中接收的字符型数据转换为数值型
   s = 3.14 * r ^ 2
   Label3.Caption = s        '将计算结果显示到标签中
End Sub
```

④ 按 F5 运行程序，结果如图 4-6 所示。

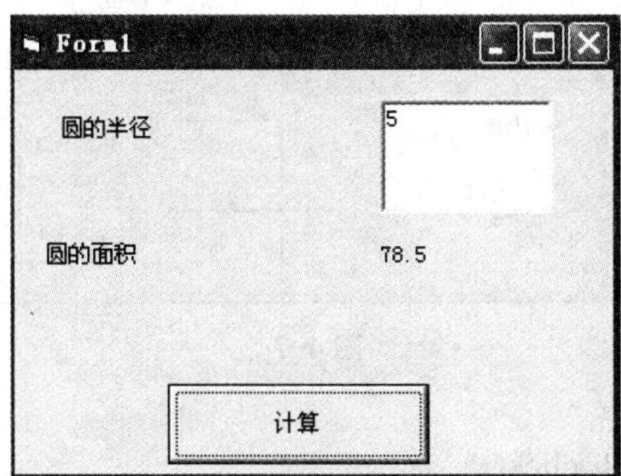

图 4-6

【实验 4-5】从键盘任意输入 1 个三位数，将该数字各个位置上的数字显示出来。

方法分析：

① 要求从键盘输入 1 个数，因此可以使用 InputBox 函数来实现。

② 此问题的关键在于求出各个位置上的数字。利用算术运算符中的除法运算与求余运算可求出各个位置上的数字。

百位=数字\100 （或 Int(数字/100)）

十位=（数字-百位*100）\10 或十位=数字\10 Mod 10

个位=数字 Mod 10（或个位=数字一百位*100-十位*10）

③ 由于所有的动作都是发生在单击命令按钮之后，所以相应的语句都应编写在命令按钮的 Click 事件过程中。

具体步骤如下：

① 在窗体中添加 4 个标签，3 个文本框，1 个命令按钮。

② 将界面中各对象属性按表 4-16 设置，设计的界面如图 4-7 所示。

表 4-16 各对象属性值表

对 象	属 性	设置属性值
Text1	Text	空
Text2	Text	空
Text3	Text	空
Label1	Caption	您刚才输入的数据是
Label2	Caption	百位数是：
Label3	Caption	十位数是：
Label4	Caption	个位数是：
Command1	Caption	计算

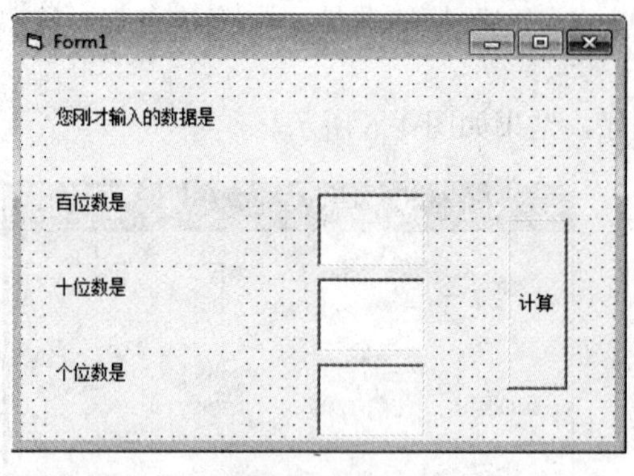

图 4-7

③ 编写代码如下：

```
Private Sub command1_click()
  Dim x As Integer
  Dim a As Integer, b As Integer, c As Integer
  x = InputBox("请输入一个三位整数")
  Label1.Caption = "您刚才输入的数据是" & x
```

```
    a = x \ 100               '计算百位数字，也可写为 a=Int(a/100)
    b = (x - a * 100) \ 10    '计算十位数字，也可写成 b = x \ 10 Mod 10
    c = x Mod 10              '计算个位数字，也可写成 c=x-a*100-b*10
    Text1.Text = a            '将计算出的百位数通过文本框输出
    Text2.Text = b
    Text3.Text = c
End Sub
```

④ 按 F5 执行程序，鼠标单击“计算”按钮，则出现如图 4-8 所示对话框，提示用户输入一个三位数，在对话框中白色长形框内输入数据，点“确定”按钮，即可出现程序运行结果界面。

图 4-8

【实验 4-6】设计窗体如图 4-9 所示，其中包含 4 个文本框。当在 Text1 中输入数据时，Text2 中原样显示在 Text1 中所输入的数据，在 Text3 中以“*”显示 Text1 中的数据，在 Text4 中以“#”显示 Text1 中的数据。最后运行结果应如图 4-10 所示。

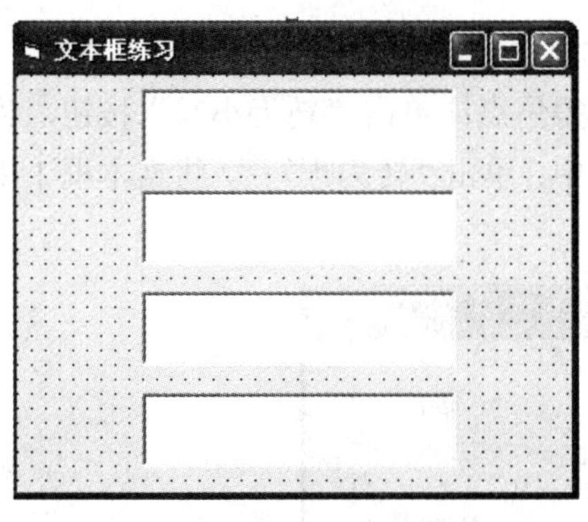

图 4-9

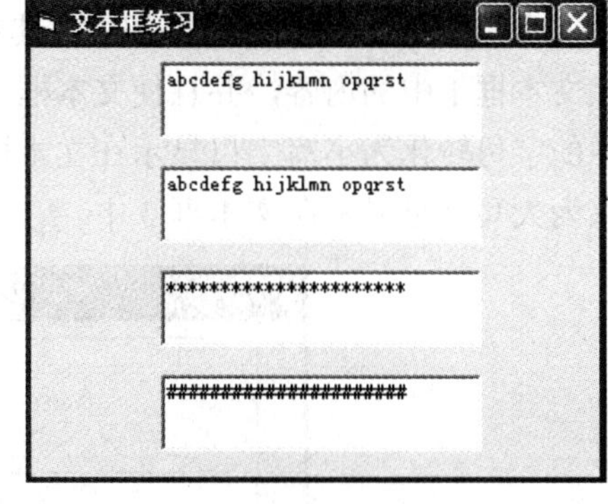

图 4-10

方法分析：

① 在设计阶段，设置 Text3 和 Text4 的 PasswordChar 属性分别为“*”与“#”。

② 用户在 Text1 中输入数据，其 Text 属性值发生变化，则触发了 Text1 的 Change 事件，此事件过程应完成的功能是：Text1.Text 的值分别赋值给 Text2.Text，Text3.Text 及 Text4.Text。

具体步骤如下：

① 在窗体 Form1 中添加 4 个文本框控件。

② 按表 4-17 设置窗体及各控件的属性，设置属性后的界面如图 4-9 所示。

表 4-17 各控件的属性值

对 象	属 性	设置属性值
Form1	Caption	文本框练习
Text1	Text	空
Text2	Text	空
Text3	Text	空
	PasswordChar	*
Text4	Text	空
	PasswordChar	#

③ 编写代码如下：

```
Private Sub Text1_Change()
    Text1.SetFocus        '令文本框 1 具有焦点
    Text2.Text = Text1.Text
    Text3.Text = Text1.Text
    Text4.Text = Text1.Text
End Sub
```

④ 按 F5 运行程序，其运行结果如图 4-10 所示，观察运行结果。

请注意，在文本框 1 中输入的“空格”也是有效字符，在文本框 3 和文本框 4 中将文本框 1 中输入的空格也用“*”与“#”代替。

⑤ 保存工程并生成可执行文件。

【实验 4-7】建立一个简单的应用程序，其窗体界面如图 4-11 所示，单击“清空”按钮，则清除文本框 1 中的内容，并且使文本框 1 获得焦点；单击“转为小写”按钮，将文本框 1 中的字母转化为小写字母显示在文本框 2 中；单击“转为大写”，将文本框 1 中的字母转化为大写字母显示在文本框 3 中。

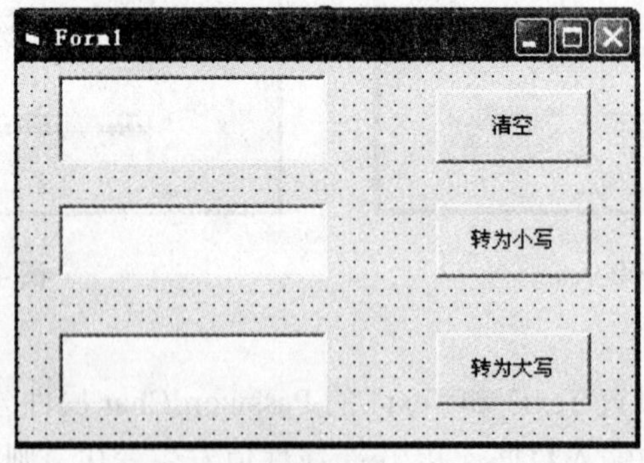

图 4-11

方法分析：

① 这个问题中主要用到字符串函数 Lcase（将字母转换为小写）与 Ucase（将字母转换为大写）。

② 单击“清空”按钮，要将光标定位到文本框 1，则应使用 SetFocus 方法使得文本框 1 获得焦点。

具体步骤如下：

① 在窗体中添加 3 个文本框、3 个命令按钮。

② 将界面中各对象的属性按表 4-18 进行设置。

表 4-18　各对象的属性值

对　象	属　性	设置属性值
Text1	Text	空
Text2	Text	空
Text3	Text	空
Command1	Caption	清空
Command2	Caption	转为小写
Command3	Caption	转为大写

③ 编写代码如下：

```
Private Sub Command1_Click()
    Text1.Text= ""
    Text1.SetFocus
End Sub
Private Sub Command2_Click()
    Text2.Text = LCase(Text1.Text)        '将文本框中的字符转换为小写字母
End Sub
Private Sub Command3_Click()              '将文本框中的字符转换为大写字母
   Text3.Text = UCase(Text1.Text)
End Sub
```

④ 运行程序，结果如图 4-12 所示。

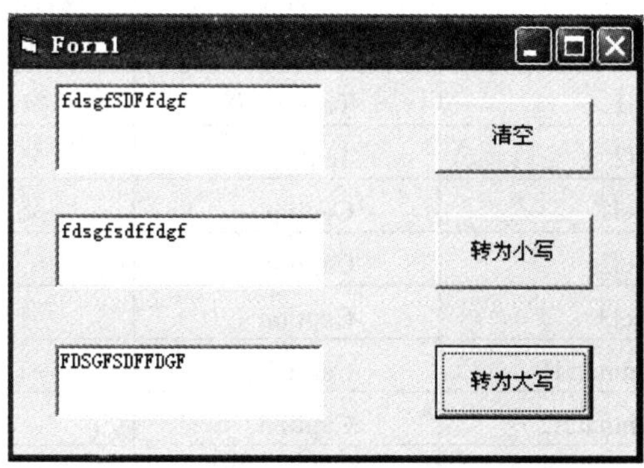

图 4-12

【实验 4-8】综合练习：制作一个简易的四则运算器。窗体中有 6 个命令按钮控件、2 个文本框控件和 3 个标签。其中 6 个命令按钮分别代表加、减、乘、除、清空以及结束；2 个文本框用来输入被计算的两个数，3 个标签分别代表运算符号、等于号以及运算结果。其中运算符号标签随着所选择命令按钮的不同做相应的变化。比如选择加法运算时，标签 Label1 中显示“+”。

方法分析：

① 单击“+”按钮 Command1，要求将 Text1 与 Text2 中的数据进行相加，将结果放入标签 Label3 中，因此在 Command1 的 Click 事件中应执行的语句是：

Label3.Caption= Val(Text1.Text) + Val(Text2.Text)

同时要求标签 Label1 的 Caption 值改变为相应的运算符号，而这些运算符号正好是各运算命令按钮的 Caption 值，因此在事件过程中增加一条语句：

Label1.Caption = Command1.Caption

② 其余 3 个命令按钮的 Click 事件过程如同 Command1，不再重复说明。

具体步骤如下：

① 在窗体中添加 6 个命令按钮，2 个文本框，3 个标签，移动各控件到合适的位置，最后设计的界面如图 4-13 所示。

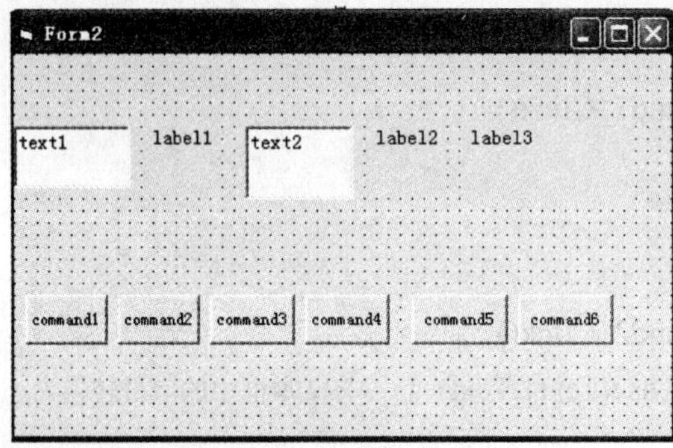

图 4-13

② 按表 4-19 设置各控件属性值。

表 4-19 各控件属性值

对象	属性	设置属性值
Form1	Caption	综合练习
Text1	Text	空
Text2	Text	空
Label1	Caption	空
Label2	Caption	=
Label3	Caption	空
Command1	Caption	+
Command2	Caption	—
Command3	Caption	*
Command4	Caption	/
Command5	Caption	清空
Command6	Caption	结束

注：各控件可修改相应属性窗口中的 Font 属性，从而可以改变各控件中将来显示的文本的字体、字号及字形等。

③ 编写如下代码：

```
Private Sub Command1_Click()
    Label1.Caption = Command1.Caption        '将标签的内容修改为相应运算符
    Label3.Caption = Val(Text1.Text) + Val(Text2.Text)
            'Val 函数将文本框中输入的数据由字符型转变为数值型，以便进行四则运算
End Sub
Private Sub Command2_Click()
    Label1.Caption = Command2.Caption
    Label3.Caption = Val(Text1.Text) - Val(Text2.Text)
End Sub
Private Sub Command3_Click()
    Label1.Caption = Command3.Caption
    Label3.Caption = Val(Text1.Text) * Val(Text2.Text)
End Sub
Private Sub Command4_Click()
    Label1.Caption = Command4.Caption
    Label3.Caption = Val(Text1.Text) / Val(Text2.Text)
End Sub
Private Sub Command5_Click()        '清空按钮
    Text1.Text = "" : Text2.Text = ""             '将 2 个文本框清空
    Label1.Caption = "" : Label3.Caption = ""     '将显示结果的标签也清空
    Text1.SetFocus            '使文本框 1 获得焦点
End Sub
Private Sub Command6_Click()
    End
End Sub
```

④按 F5 键运行程序，在文本框中输入数据，点击“*”按钮与“/”按钮，其运行结果分别如图 4-14 与图 4-15 所示。

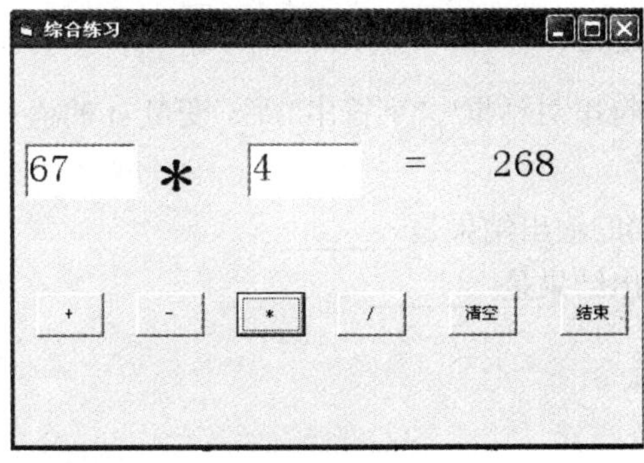

图 4-14

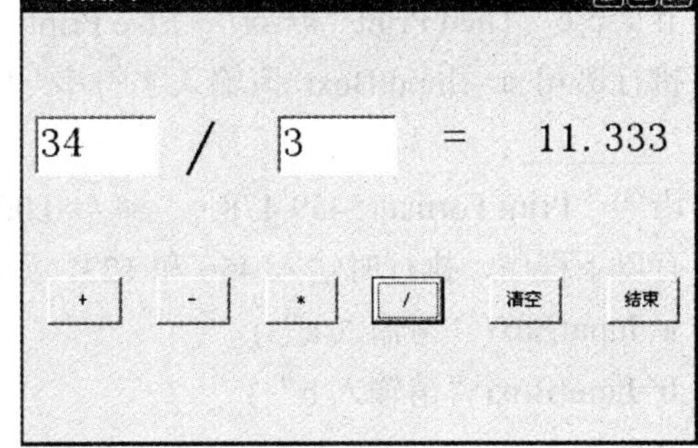

图 4-15

4.4 综合练习

一、选择题

1. 若要设置文本框最大可接收的字符数，可通过（ ）属性来实现。
   A. MultiLine　B. Length　C. Max　D. Maxlength
2. 若要使命令按钮获得焦点，可通过（ ）方法来设置。
   A. Refresh　B. Setfocus　C. Gotfocus　D. Value
3. 若使标签的大小自动与所显示的文本相适应，可通过设置（ ）属性的值为 True 来实现。
   A. AutoSize　B. Alignment　C. Appearance　D. Visible
4. 在运行时，若要获得用户在文本框中所选择的文本，可通过访问（ ）属性来实现。
   A. SelStart　B. SelLength　C. Text　D. SelText
5. 若要在文本框中输入密码时以“#”显示，应设置文本框（ ）属性为“#”。
   A. Text　B. Caption　C. PasswordChar　D. Name
6. 执行下面的语句后，所产生的信息框的标题是（ ）。
   a=Msgbox(“AAA”，“BBB”，“”，5)
   A. BBB　B. 空
   C. AAA　D. 出错，不能产生信息框

二、填空题

1. 设置文本框控件有无滚动条的属性是_________。
2. 在程序运行时，如果将框架的_________属性设置为 False，则框架的标题为灰色，表示框架内的所有对象均被屏蔽，不允许用户对其进行操作。
3. 当控件失去焦点时，将触发_________事件。
4. 以下程序段的输出结果是_________。

```
Dim a as integer，b as integer，c as integer
a=1: b=2:c=3
if a=b-c   Then Print “####”  Else Print   “****”
```

5. 执行语句 st = InputBox("请输入字符串", "字符串对话框", "字符串")后，变量 st 的值是_________。
6. 语句：Print Format(5459.478, “##,##0.00”)的输出结果是_________。
7. 有以下程序，执行时输入 456 和 123，则输出结果是_________。

```
a=InputBox(“请输入 a”)
b=InputBox(“请输入 b”)
Print a+b
```

三、操作题

1. 建立一个简单的应用程序，要求单击窗体时，将窗体的背景色设置为黄色，并在窗体上显示字符“明天会更好！”
2. 建立一个简单的应用程序，要求界面设计如图 4-16，当单击“放大”按钮时，将标签中字符的大小变为 20 磅字；当单击“缩小”按钮时，将标签中的字符大小变为 12 磅字；当单击“结束”按钮时，结束程序的运行。

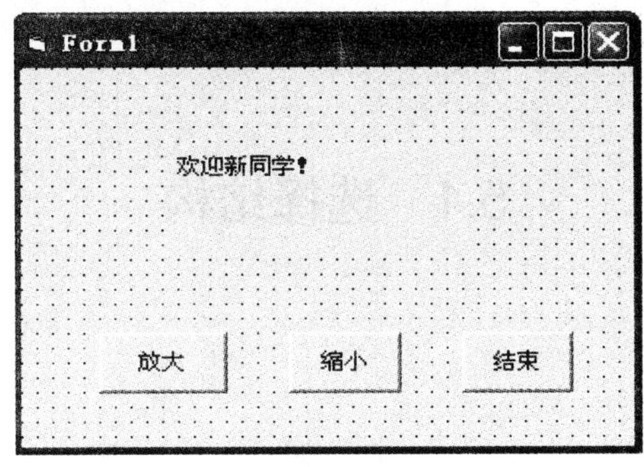

图 4-16

3. 建立一个简单的应用程序，窗体中包含一个标签控件与一个文本框控件，要求在文本框控件中输入字符时，标签同时显示所输入的内容。
4. 编写一个程序，在窗体的 Text1 控件中输入一个数字代表长方形的长，在 Text2 控件中输入一个数字代表长方形的宽，请计算出此长方形的周长与面积。用 Print 方法将计算结果输出到窗体上或将计算结果分别显示到 Label1 控件和 Label2 控件中。
5. 从键盘任意输入一个正整数代表正方体的边长，请计算出此正方体的体积与表面积。
6. 在窗体的两个文本框中输入两个数，作为产生随机数的上下界，请利用随机函数产生 3 个不同的介于这两个数之间的整数。
7. 计算你上学期所学课程的总成绩及平均成绩。
8. 请在三个文本框内输入三个数，分别代表时、分和秒，请计算出总共有多少秒。

第 5 章　选择结构程序设计

5.1　选择结构

5.1.1　预备知识

1. 单行格式的 If…Then…Else 语句

单行结构条件语句一般用于比较简单的数据处理，具体格式为：

If <条件>　Then[<语句组 l>][Else<语句组 2>]

其中：

- <条件>可以是关系表达式、逻辑表达式或数值表达式。
- “条件”是关系表达式或逻辑表达式，若其值为 True，则执行 Then 后面的语句组 1，否则执行 Else 后的语句组 2。
- “条件”为数值表达式，若数值表达式的值为非零，则执行 Then 后面的语句组 1，否则执行 Else 后的语句组 2；
- 语句组 1 或语句组 2 为多条语句时，应将所有语句必须在同一行上并且以冒号分开。
- 如果省略 Else<语句组 2>，表示“条件”为 True 时，执行语句组 1，否则跳转到下一条语句。
- 在语句组 1 和语句组 2 中还可以包含 If 语句，实现 If 语句的嵌套。

2. 多行格式 If…Then…ElseIf 语句

多行格式用于比较复杂问题的选择结构，格式为：

```
 If<条件 1>Then
      [<语句组 1>]
[ElseIf<条件 2> Then
      [<语句组 2>]]
 …
[Else
      [<其他语句组>]]
 End If
```

其中：

- 格式中<条件 1>、<条件 2>等可以是关系表达式、逻辑表达式或数值表达式。
- 此语句执行过程为：先判断条件 1，若值为 True，执行语句组 1；否则，判断 ElseIf 后的条件 2 是否为 True，若值为 True，执行语句组 2，否则继续判断其后下一个 ElseIf 后的<条件>，以此类推；如果所有条件都为 False，则执行 Else 后的其他语句组。
- 若干条件中当有多个条件为 True 时，只执行第一个为 True 的条件后的语句组，执行完后退出 If 语句执行其后的语句。
- 各语句组中可以包含若干条语句，这些语句可以每行写一句，也可同一行写多条语句，但需要用分号将其隔开。

3. Select Case 语句

If 语句结构一般适用于简单分支现象的处理，而 Select Case 语句可以处理比较复杂的多分支现象。其语法格式为：

```
Select Case <测试条件>
    [Case   <值列表>
          [<语句组>]]

       …

       [Case Else
          [<其他语句组>]]
End Select
```

其中：

- <测试条件>为必要参数，可以是数值表达式或字符串表达式，通常为常量或变量。
- <语句组>由一条或多条 VB 语句组成。
- <值列表>是“测试条件”可能的结果列表，它有多种形式：

✧ 单个表达式：表示测试条件的值必须与表达式的值完全相匹配（即相同）。如 Case 4。

✧ 多个表达式：表达式之间用逗号分开，表示测试条件的值必须与多个表达式的值的其中一个相同，就说明匹配成功。如 Case 4，6，9。

✧ 表达式 to 表达式：给定一个范围，必须较小值的表达式在前，若是字符串常量，则给出的范围必须按字母顺序写出。表示测试条件的值在给定范围内就说明匹配成功。如：Case 4 to 10, Case "a " to "z "。

✧ Is 关系表达式：配合比较运算符来指定一个数值范围。表示测试条件的值在 Is 关系表达式指定的范围，就说明匹配成功。如 Is <100 。

注意：Is 关系表达式中不允许出现变量。

- 执行过程：先对“测试条件”求值，然后测试该值与哪个 Case 后的值列表中的值相匹配。如果找到，执行该 Case 后相应的语句组，然后跳出 Case 结构。如果找不到相匹配的值，则执行“Case Else”后对应的语句组。

● 如果"测试条件"的值与多个 Case 后的值列表中的值相匹配，则只执行第一个相匹配的 Case 后的语句语，然后跳出 Case 结构。

● Select Case 语句中至少包含一个 Case 子句。

●“测试条件”应与“值列表”的数据类型相同。

5.1.2 实验内容

实验目的

➢ 掌握选择结构程序的编写，理解选择结构的执行过程。

➢ 掌握 If 语句的单行格式、多行格式及 Select Case 语句的正确使用。

【实验 5-1】从键盘任意输入 1 个数，判断其是奇数还是偶数。

方法分析：

① 要求从键盘输入数据，则需要应用 InputBox 函数。

② 对于输入的数据，要么是奇数要么是偶数，因此可用简单分支的 If 语句。

③ 判断 1 个数是奇数还是偶数，只需判断这个数除以 2 的余数，如果结果为 0，则为偶数，否则为奇数。

具体程序代码如下：

```
Private Sub Form_Click()
    Dim x As Integer
    x = Val( InputBox("请输入一个整数") )   '函数 Val 将 InputBox 输出的数据转换为数值型
    If x Mod 2 = 0 Then Print  "此数为偶数"  Else  Print "此数为奇数"
End Sub
```

【实验 5-2】任意输入一个字母，如果输入的是大写字母，请输出它对应的小写字母；如果输入的是小写字母，请输出对应的大写字母。

方法分析：

① 要求从键盘输入数据，则需要应用 InputBox 函数。

② 对于输入的数据，要么是小写字母要么是大写字母，因此用简单分支的 If 语句。

③ 本问题中关键是判断所输入的字母是大写字母还是小写字母，也就是对条件“字母 >= "a" And 字母 <= "z"”的判断，如果条件为 True，则输出相应大写字母，否则输出小写字母。

④ 将小写字母转换为大写字母，可以用函数 Asc()计算该字母的 ASCII 值，然后减去 32 即可变为相应大写字母的 ASCII 值，再通过函数 Chr()转换为字符串输出；反之，将输入字母 ASCII 加 32 即可得到相应的小写字母的 ASCII 值。

具体程序代码如下：

```
Private Sub Form_Click()
    s = InputBox("请输入一个字母")
    If s >= "a" And s <= "z" Then
        s = Asc(s) – 32       '函数 Asc 的功能是求字符串 s 中第一个字符的 ASCII 值
```

```
        Else
            s = Asc(s) + 32
        End If
        Print Chr(s)                    '函数 Chr 的功能是将 s 转换为字符型
    End Sub
```

【实验 5-3】编写一个网吧收费程序。若上机时间小于 3 小时，收费标准为 2 元/小时；如果上网时间大于等于 3 小时，但少于 5 小时（不包括 5 小时），上网费用可以打 8 折；如果上网时间超过 5 小时但少于 10 小时（不包括 10 小时），上网费用可以打 6.5 折；如果上网时间超过 10 小时，上网费用可以打 5 折。请输入上网时间，输出相应的上网费用。

方法分析：

① 这是一个典型的多分支结构，可以用多行的 If 语句来实现。

② 假设 x 代表上网时间，y 代表上网费用，首先判断 x<3 的值，如果为真，则令 y=2*x；否则意味着上网时间超过 3 小时，这时只需要判断 x<5 的值，如果为真，令 y=2*x*0.8；否则意味着上网时间超过了 5 小时，这时再判断 x<10 的值，如果为真，令 y=2*x*0.65，如果为假，意味着上网时间超过了 10 小时，令 y=2*x*0.5。

③ 由于在单击命令按钮后才开始计算，所以有关上网费用计算的语句应该编写在命令按钮的 Click 事件过程中。

具体步骤如下：

① 在窗体中添加 1 个文本框、1 个标签和 1 个命令按钮。

② 窗体及各控件的属性按表 5-1 进行设置。

表 5-1　各对象的属性值

对　象	属　性	设置属性值
Text1	Text	空
Label1	Caption	空
Command1	Caption	计算

③ 所编写代码如下：

```
Private Sub Command1_Click()
    Dim x As Single, y As Single
    x = Val(Text1.Text)
    If x < 3 Then
        y = 2 * x
    ElseIf x < 5 Then
        y = 2 * x * 0.8
    ElseIf x < 10 Then
        y = 2 * x * 0.65
    Else
        y = 2 * x * 0.5
```

```
    End If
    Label1.Caption = "您需要缴纳的上网费用为：" & y & "元"
End Sub
```

【实验 5-4】任意输入 3 个数代表三角形的 3 条边长，判断能否构成一个三角形。如果能构成三角形，在窗体上显示这三条边并输出“能够构成三角形”；如果构不成三角形，用 MsgBox 函数按图 5-1 的形式给出出错信息“输入的三条边长构不成三角形”，且如果用户点击消息框中的“重试”按钮，则返回主界面，点击“取消”，则结束程序。

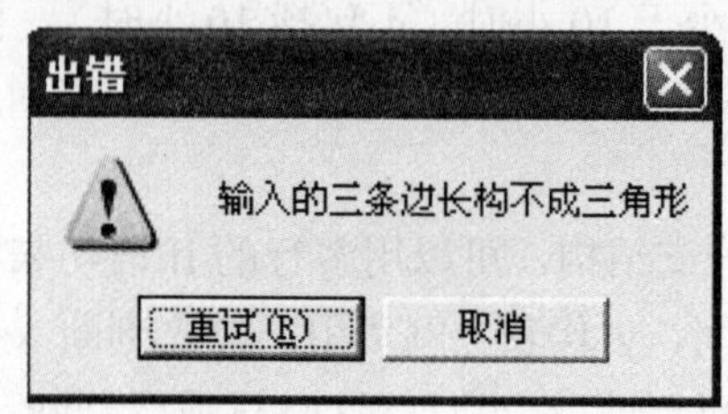

图 5-1

方法分析：

① 利用 InputBox 函数提示用户输入三个数，代表三角形的三条边。

② 判断能否构成三角形的条件是：任意两边之和大于第三边。假设三条边分别是 a，b，c，则相当于判断表达式 a + b > c And b + c > a And a + c > b 的值，如果为 True，则输出相应提示信息；如果为 False，则用 Msgbox 函数给出出错信息。这是典型的 If 语句结构。

③ 题目要求消息框中包含“重试”与“取消”按钮，此二者的按钮值为 5，警告图标的按钮值为 48，因此 Msgbox 函数应写为：MsgBox("输入的三条边长构不成三角形", 5 + 48, "出错")。

④ 题目中还要求根据用户在消息框中单击“重试”按钮还是“取消”按钮来决定程序的流向，即对 Msgbox 函数的返回值的进行判断，如果返回值是 2，则意味着单击“取消”按钮，执行结束程序；否则意味着用户单击的是“重试”按钮，自动返回主界面。

⑤ 由于 Msgbox 函数返回值的判断是构不成三角形的情况下才会被判断到，因此判断返回值的语句应出现在条件“a + b > c And b + c > a And a + c > b”的 Else 部分，从而形成了 If 语句的嵌套。

具体步骤如下：

① 在窗体中添加 1 个命令按钮。

② 将命令按钮的 Caption 属性值更改为“判断”。

③ 编写如下代码：

```
Private Sub Command1_Click()
    Dim x As Integer       '代表函数 MsgBox 的返回值
    Dim a As Integer, b As Integer, c As Integer    '代表三角形的三条边长
    a = InputBox("请输出第一个边长")
```

```
    b = InputBox("请输出第二个边长")
    c = InputBox("请输出第三个边长")
    If a + b > c And b + c > a And a + c > b Then        '判断能否构成三角形的条件
      Print "三角形的三条边分别是：" & a & b & c
      Print "能构成三角形"
    Else
      x = MsgBox("输入的三条边长构不成三角形", 5 + 48, "出错")
      If x = 2 Then   End
                         'Msgbox 的返回值为 2 代表单击的是“取消”按钮，用 End 结束程序
    End If
  End Sub
```

【实验 5-5】编写程序，其功能是在窗体中的文本框 Text1 中输入一个 1～12 之间的整数代表月份，单击“判断”命令按钮，如果输入的数据不在 1～12 之间，则给出错误提示，提示用户重新输入数据，并将文本框清空；如果在 1～12 之间，判断此月份属于哪个季节。如果数据在 3～5 之间，则输出“Spring”，如果数据在 6～8 之间，则输出“Summer”；如果数据在 9～11 之间，则输出“Autumn”；否则输出“Winter”。

方法分析：

① 对于判断月份属于哪个季节存在多个判断条件，因此用 Select Case 比较方便。

② 测试条件就是文本框 Text1 的 Text 属性值，其值若与 Case 3 to 5、Case6 to 8、Case 9 to 11、Case 12,1,2 中某一个值列表相匹配，则输出相应的季节。

程序代码如下：

```
Private Sub Command1_Click()
    Select Case Val(Text1.Text)
    Case 3 To 5
        Label1.Caption = "spring"
    Case 6 To 8
        Label1.Caption = "summer"
    Case 9 To 11
        Label1.Caption = "autumn"
    Case 12, 1, 2
        Label1.Caption = "winter"
    Case Else
        MsgBox  "您所输入的数据无效，请重新输入"
        Text1.Text = ""
        Text1.SetFocus
    End Select
End Sub
```

5.2 计时器

5.2.1 预备知识

计时器（Timer）的功能是每隔一定的时间产生一次 Timer 事件（或称报时），可根据这个特性来定时控制某些操作，或进行计时。

1. 计时器控件的基本属性（表 5-2）

表 5-2 计时器（Timer）控件的基本属性

属 性	说 明
Enable	设置计时器是否生效
Interval	设置计时器触发 Timer 事件的间隔时间，单位为毫秒，取值范围为 1～65536

2. 计时器控件的常用事件（表 5-3）

表 5-3 时器控件的常用事件

事件名称	触发条件	调用事件过程
Timer	每经过一段由 Interval 属性设置的时间间隔	计时器名_ Timer()

5.2.2 实验内容

实验目的

- 掌握计时器控件的基本属性与常用事件。
- 能应用计时器控件解决实际问题。

【实验 5-6】设计程序，在窗体右下角显示最新时间。

方法分析：

① 因为时间要每隔一秒更新一次，因此设 Interval 属性值为 1000 毫秒。

② 由于需要显示当前时间，因此需要使用日期和时间函数 Time。

具体步骤：

① 在窗体上画一个计时器控件。

② 在窗体右下角画一标签，用于显示时间。

③ 修改计时器控件的 Interval 属性值为 1000。

编写代码如下：

```
Private Sub Timer1_Timer()
   Label1.Caption = Time
End Sub
```

【实验 5-7】设计如图 5-2 的界面，编写程序实现窗体上端的文字从左向右滚动。

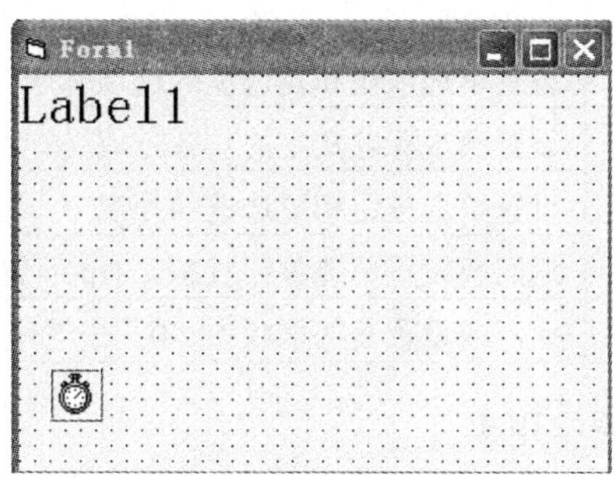

图 5-2

方法分析：

① 由于需要显示一些文字，因此需要利用标签控件。

② 为使标签上的内容移动速度较快，因此将计时器控件的 Interval 属性值为 100。

③ 由于要求标签由左向右移动，如果标签的 Left 属性值小于窗体的 Width 属性值时，将 Left 属性值增加一定数量；若超过窗体的 Width 属性值时，将标签的 Left 属性值归 0。

具体步骤：

① 在窗体上画一个计时器控件，设每隔 100 毫秒计时器控件触发一次。

② 在窗体上端画一标签，将其 Caption 属性修改为“欢迎使用 VB 程序设计系统”。

编写代码如下：

```
Private Sub Timer1_Timer()
  If  Label1.Left <= Form1.Width  Then
    Label1.Left = Label1.Left + 20
  Else
    Label1.Left = 0
  End If
End Sub
```

5.3 单选按钮与复选框

5.3.1 预备知识

单选按钮（Option）与复选框（Check）主要用于程序运行过程中的状态选择。一组单选按钮中只能有一个被选中，而复选框可以同时选中几个。

1. 单选按钮与复选框的主要属性（表 5-4）

表 5-4 单选按钮与复选框的主要属性

<table>
<tr><th colspan="2">属 性</th><th>说 明</th></tr>
<tr><td colspan="2">Caption</td><td>设置单选按钮和复选框的选项标题文字</td></tr>
<tr><td colspan="2">Alignment</td><td>设置选项标题文字的对齐方式</td></tr>
<tr><td colspan="2">Style</td><td>设置单选按钮和复选框的外观</td></tr>
<tr><td rowspan="2">Value</td><td>Option. Value</td><td>返回或设置单选按钮状态。True：选中；False：未选中</td></tr>
<tr><td>Check. Value</td><td>返回或设置复选框状态。0：未选中；1：选中；2：不可用</td></tr>
</table>

2. 单选按钮与复选框控件的常用事件

对于单选按钮与复选框控件，主要的事件是 Click 事件，还有焦点事件，鼠标事件等，触发条件与前面所讲相同。

3. 单选按钮与复选框控件的常用方法

单选按钮与复选框控件的常用方法有 Setfocus、Refresh、Move，参照前面应用方法。

5.3.2 实验内容

实验目的

- 掌握单选按钮与复选框的基本属性。
- 掌握单选按钮与复选框的常用事件与方法。
- 熟练应用筛选按钮与复选框编写程序。

【实验 5-8】编写程序，界面设计如图 5-3 所示，在文本框中输入圆的半径后，选择“求半径”或“求面积”按钮进行相应的计算，并将结果显示到相应标签中。

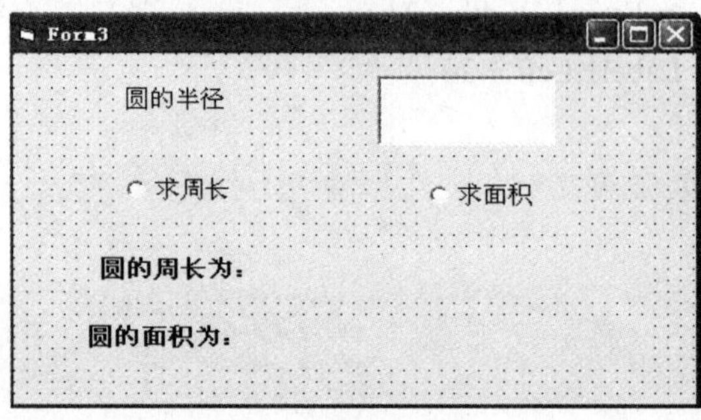

图 5-3

方法分析：

此界面中有两个单选按钮，其功能是计算周长与面积，触发的事件就是相应单选按钮的 Click 事件，将计算语句编写到 Click 事件过程中即可完成任务。

具体步骤如下：

① 在窗体中 3 个标签，1 个文本框和 2 个单选按钮。

② 设置各控件的基本属性：3 个标签的 Caption 属性分别设置为“圆的半径”、“圆的周长为：”和“圆的面积为：”；设置文本框的 Text 属性值为空；2 个单选按钮的 Caption 属性值为“求周长”与“求面积”。

③ 编写如下程序代码。

```
Private Sub Form_Load()
     Show
    Option1.Value = False          '去掉 Option1 按钮默认被选中状态
    Option2.Value = False
    Text1.SetFocus
End Sub
Private Sub Option1_Click()
    x = 2 * 3.14 * Val(Text1.Text)
    Label2.Caption = "的圆的周长为：" & x
End Sub
Private Sub Option2_Click()
    x = 3.14 * Val(Text1.Text) ^ 2
    Label3.Caption = "的圆的面积为：" & x
End Sub
```

【实验 5-9】设计如图 5-4 所示界面，当用户在文本框中输入字符后，选择复选框按钮对文本框中的字符做相应修饰。

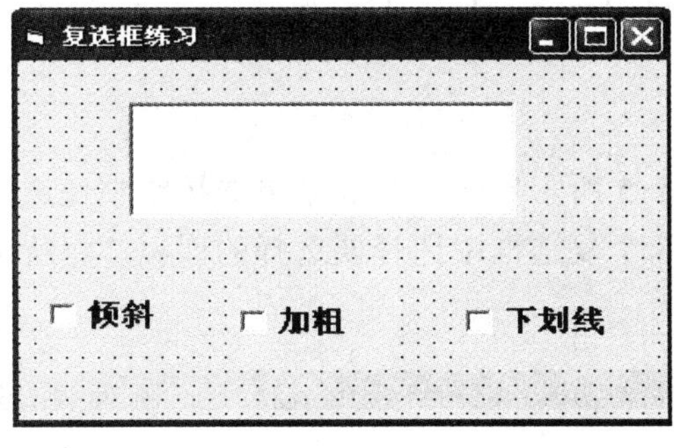

图 5-4

方法分析：

① 若要对文本框中的字符实现倾斜与否，都需要点击“倾斜”复选框，因此控制文本框中字符显示形式的语句就应该编写在“倾斜”控件的 Click 事件中；到底倾斜与否决定于“倾斜”控件的 Value 值，当 Value 值为 1 时，表示被选中，将字符倾斜；Value 值为 0 时表示未被选中，将倾斜取消。其余复选框按钮与此类似，不再多说。

② 文本框中字符是否倾斜、加粗与下划线，是由文本框控件的 FontItalic、FontBold、FontUnderline 属性值来决定，这三个属性值都只有两个取值，要么 True，要么 False。

具体步骤如下：

① 在窗体中添加 1 个文本框和 3 个复选框，将文本框的 Text 属性值设为空，3 个复选框的 Caption 属性值分别设置为“倾斜”、“加粗”、“下划线”。

② 程序代码如下：

```
Private Sub Check1_Click()        '倾斜复选框
```

```
    If Check1.Value = 1 Then      '判断倾斜复选框是否被选中
        Text1.FontItalic = True      '设置文本框控件的 FontItalic 为真，表示给文本倾斜显示
    Else
        Text1.FontItalic = False
    End If
End Sub
Private Sub Check2_Click()      '加粗复选框
    If Check1.Value = 1 Then
        Text1.FontBold = True
    Else
        Text1.FontBold = False
    End If
End Sub
Private Sub Check3_Click()      '下划线复选框
    If Check1.Value = 1 Then
        Text1.FontUnderline = True
    Else
        Text1.FontUnderline = False
    End If
End Sub
```

【实验 5-10】设计如图 5-5 所示界面，在 3 个单选按钮中任选一个后，将其姓名显示到标签 Label 3 中，在 3 个复选框中选择要选择的课程，将所选择课程名显示到标签 Label 4 中。

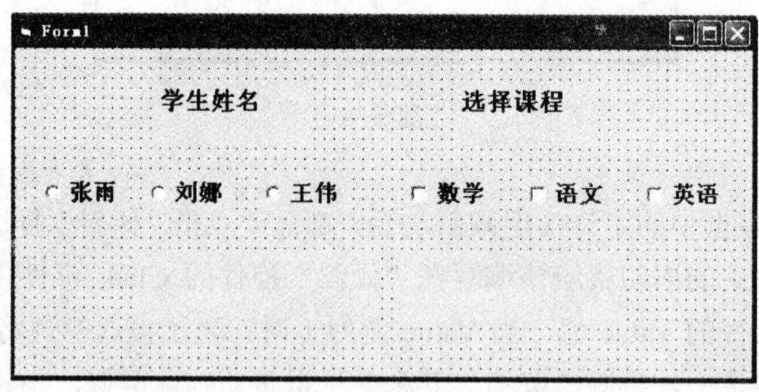

图 5-5

方法分析：

① 在窗体的 Load 事件过程中将 3 个单选按钮的 Value 属性值改为 False，将它们设置为未选定状态。

② 选择任何一个 Option 控件，触发的是该 Option 控件的 Click 事件，在此事件过程要完成的任务是将所选 Option 的标题显示到 Label 控件中，可采用将 Option 的 Caption 赋值给标签的 Caption 属性。在此事件过程中还要考虑到应将标签 Label4 的 Caption 属

性清空，将 3 个复选框的 Value 值设定为 0 状态（即未选定），以便用户重新为此学生选择课程。

③ 对于每一个 Check 控件，用户单击时触发的是该控件的 Click 事件，在此事件过程中判断该控件的 Value 属性值，当值为 1 时，将该 Check 控件标题显示到 Label4 中，为 0（未选中）时，应将其名称从标签 4 中移除。

具体步骤如下：

① 设计如图 5-5 的界面。其中包括 4 个标签，3 个单选按钮，3 个复选按钮。

② 按如图所示状态设置窗体及各控件的基本属性。

③ 编写代码如下：

```
Private Sub Form_Load()
    Option1.Value = False : Option2.Value = False : Option3.Value = False
End Sub
Private Sub Option1_Click()
    Check1.Value = 0 : Check2.Value = 0 : Check3.Value = 0
    If Option1.Value = True Then
       Label3.Caption = "学生" & Option1.Caption & "选的课程有："
    End If
    Label4.Caption = ""           '清空以便重新显示另一个同学所选的课程
End Sub
Private Sub Option2_Click()
    Check1.Value = 0 :      Check2.Value = 0 :      Check3.Value = 0
    If Option2.Value = True Then
       Label3.Caption = "学生" & Option2.Caption & "选的课程有："
    End If
    Label4.Caption = ""
End Sub
Private Sub Option3_Click()
    Check1.Value = 0 : Check2.Value = 0 : Check3.Value = 0
    If Option3.Value = True Then
       Label3.Caption = "学生" & Option3.Caption & "所选的课程有："
    End If
    Label4.Caption = ""
End Sub
Private Sub Check1_Click()
    If Check1.Value = 1 Then                               '判断该复选框是否被选中
      Label4.Caption = Label4.Caption & Check1.Caption     '将新选的课程添加到标签中
    Else
      n = Len(Check1.Caption)                              '测试复选框标题的字符长度
```

```
        k = Len(Label4.Caption)                          '测试标签标题的字符总长度
        m = InStr(Label4.Caption, Check1.Caption)
                                                  '检测 Check 的标题首次出现在标签中的位置
        Label4.Caption = Left(Label4.Caption, m - 1) & Right(Label4.Caption, k - m - n + 1)
                        'Left(Label4.Caption, m - 1) 取出现在 Check 的标题左侧的字符
                        'Right(Label4.Caption, k - m - n + 1) 取出现在 Check 的标题右侧的字符
                        '将二者重新连接就意味着将所选择 Check 的标题从标签中移除
    End If
End Sub
Private Sub Check2_Click()
    If Check2.Value = 1 Then
        Label4.Caption = Label4.Caption & Check2.Caption
    Else
        n = Len(Check2.Caption)
        m = InStr(Label4.Caption, Check2.Caption)
        k = Len(Label4.Caption)
        Label4.Caption = Left(Label4.Caption, m - 1) & Right(Label4.Caption, k - m - n + 1)
    End If
End Sub
Private Sub Check3_Click()
    If Check3.Value = 1 Then
        Label4.Caption = Label4.Caption & Check3.Caption
    Else
        n = Len(Check3.Caption)
        m = InStr(Label4.Caption, Check3.Caption)
        k = Len(Label4.Caption)
        Label4.Caption = Left(Label4.Caption, m - 1) & Right(Label4.Caption, k - m - n + 1)
    End If
End Sub
```

5.4 综合练习

一、将程序按其功能补充完整

1. 判断键盘输入的一个字符是否为小写字母，在空白处添上适当的语句或表达式，使程序完整。

```
Private Sub Command_Click()
```

```
    ch=InputBox("请输入一个字符", "字符输入")
    If ________ Then
        Print  "输入的是一个小写字母"
    Else
        Print  "输入非法"
    End If
End Sub
```

2. 根据下列分段函数：补全下面的程序。

$$z=\begin{cases} x+y & (x>10) \\ y/x & (x=10) \\ 0 & (0=<x<10) \end{cases}$$

```
Private Sub Command1_Click()
    x = Val(Text1.Text)
    y = Val(Text2.Text)
    Select Case x
        Case _______
            z = x + y
        Case _______
            z = y / x
        Case _______
            z = 0
    End Select
    Text3.Text = z
End Sub
```

3. 以下程序的功能是：如果批发的货物数量在 100 件以下（不包括 100），则可享受 8 折优惠；如果批发数量超过 100，但少于 500 件（不包括 500），可享受 7 折优惠；如果超过 500 件，则可享受 5.5 折优惠。请将程序补充完整。

```
Private Sub Form_Click()
    Dim n As Integer，s as single
    n = InputBox("请输入批发货物的数量")
    If n < 100 Then
        s = 80 * n * 0.8          '80 是指货物的单价
    ElseIf _________ Then
        s = 80 * n * 0.7
    __________
        s = 80 * n * 0.65
    End If
    Print "您应付款：" & s
```

```
End Sub
```

二、读程序写结果

1. 程序运行后，单击命令按钮，则窗体上显示的内容是________。

```
Private Sub Command1_Click()
Dim a As Integer,s As Integer
    If a>160 then s=1
    If a>170 then s=2
    If a>180 then s=3
    If a>190 then s=4
    Print "s=";s
End Sub
```

2. 下面程序后，如果输入的数字是 10，单击窗体，则输出结果为________。

```
Private Sub Form_Click()
  Dim n As Integer
  n = InputBox("请输入一个数")
  Select Case n
    Case 1 To 20
      x = 10
    Case 2, 4, 6
      x = 20
    Case Is < 10
      x = 30
    Case 10
      x = 40
  End Select
  Print x
End Sub
```

三、编程题

1. 已知下面的分段函数，要求输入 x，计算相应 y 的值。

$$y=\begin{cases}1+x^2 & (x\geqslant 0)\\ 1-2x & (x<0)\end{cases}$$

2. 任意输入一个数，判断能否同时被 7 和 11 整除。
3. 若基本工资大于等于 600 元，增加工资 20%；若小于 600 大于等于 400，则增加工资 15%；若小于 400 则增加工资 10%。请根据用户输入的基本工资，计算出增加后的工资。
4. 编制程序，根据用户输入的考试成绩（百分制，若有小数则四舍五入），按表 5-5 的划分标准，输出相应的等级（要求分别用 If 语句和 Select Case 语句完成）。

表 5-5　编程题 4

分　数	等　级
90～100	优秀
80～89	良好
70～79	中等
60～69	及格
<60	不及格

5. 编写程序，对文本框的内容做以下处理：若 text 为 2，4，6，则打印“text 的值为 2，4，6”；若 text 为 1，3，5，则打印“text 的值为 1，3，5”；若 text 为 8,9，则打印“text 的值为 8,9”；否则打印“text 的值不在范围内”。
6. 求一元二次方程 $ax^2+bx+c=0$ 的根。判断 $\triangle=b^2-4ac$ 的正负取向，确定方程的根。
7. 设计如图 5-6 界面窗体，单击 4 个单选按钮中的其中一个，判断所选答案是否正确。

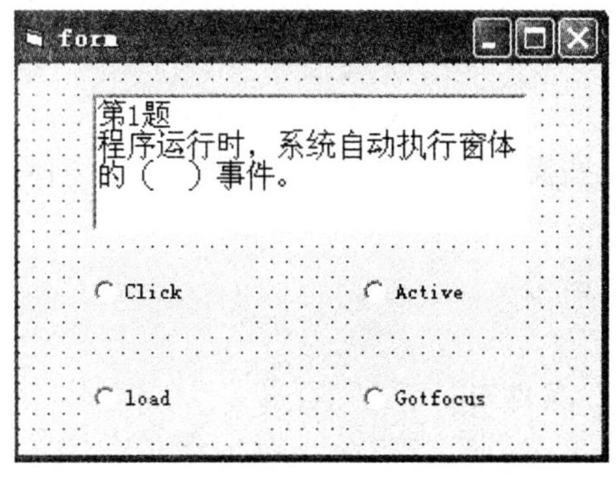

图 5-6

8. 利用计时器控件控制一个文本框在窗体上自左向右移动，当文本框左边界到达窗体最右端时文本框重新出现在窗体最左端，自左向右移动，周而复始。

第 6 章　循环结构程序设计

6.1　循环结构

6.1.1　预备知识

如果待解决问题中有些操作重复进行多次，则可以考虑使用循环。VB 为我们提供了 3 种形式的循环语句。

1. 当型结构的 Do…Loop 语句

语法格式为：

```
Do[ {While | Until } [<条件>] ]
    [<语句组 1>]
    [Exit Do]
    [<语句组 2>]
Loop
```

说明：

- Do While…Loop 语句的功能是：当<条件>为真时，执行 Do…Loop 之间的循环语句；当条件为假时，终止循环，循环次数最少为 0。
- Do Until…Loop 语句的功能是：当条件为假时，执行循环体，直到条件为真时，终止循环，循环次数最少为 0。
- Exit Do 可以帮助程序提前结束循环。

2. 直到型结构的 Do…Loop 语句

语法格式为：

```
Do
    [<语句组 1>]
    [Exit   Do]
    [<语句组 2>]
Loop [ {While | Until} [<条件>] ]
```

说明：

● Do…Loop While 语句的功能：先执行循环体，再判断条件，当<条件>为真时，继续执行 Do…Loop 之间的语句；当条件为假时，终止循环，循环次数最少为 1。

● Do…Loop Until 语句的功能是：先执行循环体，当条件为假时，执行循环体，直到条件为真时，终止循环，循环次数最少为 1。

3. For…Next 循环结构

一般用于固定次数的循环。

语法格式为：

```
For  <循环变量>=<初值>  To  <终值>  [Step  <步长>]
    [<语句组 1>]
    [Exit For]
    [<语句组 2>]
Next  [<循环变量>]
```

说明：

● 循环变量：也称循环计数器或循环控制变量。

● 初值：循环变量最初的值。

● 终值：循环变量的最终值。

● 步长：循环变量的增量。步长可以是正数也可以是负数，如果没有指定，则默认步长为 1。步长的值决定了循环执行的次数。当循环体被执行后，步长的值会加到循环变量中，判断循环变量的新值有没有超过终值，如果超过终值，结束循环，否则，循环继续。

● 循环体：由一条或多条语句组成。

● Exit For：可以强制退出循环。

● Next：循环终止语句，必须与 For 一一对应。

● 循环体中的语句也可以是循环结构，从而构成循环的嵌套。

● For 循环执行过程：

① 循环变量=初值；

② 将循环变量的值与终值进行比较，若循环变量>终值，则结束循环，执行 Next 后的语句；否则，继续执行循环体中的语句；

③ 循环变量=循环变量+步长，转到②。

6.1.2　实验内容

实验目的

➢ 掌握循环结构程序的编写，理解循环结构的执行过程。

➢ 掌握 Do…Loop 语句与 For…Next 语句的正确使用方法及之间的区别。

【实验 6-1】请将 100～200 之间所有 7 的倍数输出到文本框中。

方法分析：

① 在窗体中添加 1 个文本框和 1 个命令按钮。

② 该问题是要判断 100～200 之间的每一个数能否被 7 整除。即判断一个数能否被 7 整除的操作被重复执行，因此考虑用循环来解决问题，并且循环变量的取值范围在 100 到 200 间。

③ 为将每个能被 7 整除的数字输出到文本框，需要设置文本框为多行显示，并可设置文本框有垂直滚动条。

具体步骤如下：

① 在窗体上添加 1 个文本框，1 个命令按钮，按表 6-1 设置窗体及各控件的属性值。

表 6-1 窗体及各控件的属性值

对 象	属 性	设置属性值
Text1	Text	空
	MultiLine	True
	ScrollBars	2
	Locked	True（不允许修改）
Command1	Caption	显示

② 程序代码如下：

```
Private Sub Command1_Click()
  Dim i As Integer        'i 为循环变量，也代表被判断的数
  i = 100      '为循环变量赋初值
  Do While i <= 200          '也可以是 Do Until i> 200
    If i Mod 7 = 0 Then          '判断 i 是否能被 7 整除
      Text1.Text = Text1.Text & i & vbCrLf          '将找到的因子显示到文本框中，且每个数占一行，其中 vbCrLf 功能是回车换行
    End If
    i = i + 1       '循环变量加 1，代表下一个被判断的数
  Loop
End Sub
```

上述问题还可以用其他循环语句来解决。

方法 1：

```
Private Sub Command1_Click()
 Dim i As Integer
 i = 100
 Do
    If i Mod 7 = 0 Then
      Text1.Text = Text1.Text & i & vbCrLf
    End If
```

```
    i = i + 1
  Loop Until i > 200       '也可以是 Loop While i > 200
End Sub
```

方法 2：

```
Private Sub Command1_Click()
  Dim i As Integer
  For i = 100 To 200 Step 1
      If i Mod 7 = 0 Then
          Text1.Text = Text1.Text & i & vbCrLf
      End If
  Next i
End Sub
```

【实验 6-2】请将 1900～2000 年之间所有的闰年输出到文本框中。

方法分析：

① 基本思路同实验 6-1。

② 判断闰年的条件：能够被 4 整除但不能被 100 整除，或者能被 400 整除。

程序代码如下：

```
Private Sub Command1_Click()
    Dim i As Integer
    For i = 1900 To 2000         '省略步长，代表步长为 1
        If i Mod 4 = 0 And i Mod 100 <> 0 Or i Mod 400 = 0 Then
            Text1.Text = Text1.Text & i & vbCrLf
        End If
    Next i
End Sub
```

【实验 6-3】任意输入 1 个数，请输出该数的所有因子（包括 1 和它本身）。

方法分析：

① 在窗体中添加 2 个文本框，用于输入一个值和输出该值的所有因子。

② 假设输出变量 x 的所有因子，就需要判断 1～x 间的每一个数能否被 x 整除，如果能整除，则是 x 的因子，否则判断下一个数。

具体步骤如下：

① 在窗体中添加 3 个命令按钮（分别是“找因子”、“清空”、“结束”）和 2 个文本框。

② 设置窗体及各控件的相关属性，见表 6-2。

表 6-2　窗体及各控件的相关属性设置

对　象	属　性	设置属性值
Text1	Text	空
Text2	Text	空
	MultiLine	True
	ScrollBars	2
	Locked	True（不允许修改）
Command1	Caption	找因子
Command2	Caption	清空
Command3	Caption	结束

③ 编写代码如下：

```
Private Sub Command1_Click()
    Dim x As Integer, i As Integer
    x = Val(Text1.Text)
    i = 1
    Do While i <= x
      If x Mod i = 0 Then       '条件成立说明 i 是 x 的因子
        Text2.Text = Text2.Text & i & vbCrLf       '将找到的因子显示到文本框中，且每个数
                                                    占一行
      End If
      i = i + 1
    Loop
End Sub
Private Sub Command2_Click()
    Text1.Text = ""
    Text2.Text = ""
    Text1.SetFocus
End Sub
Private Sub Command3_Click()
    End
End Sub
```

【实验 6-4】任意输入一个正整数，判断其是否是素数。

方法分析：

① 素数是指除了 1 和它本身之外，其他任何正整数都不能被它整除。

② 假设 n 为被判断的数，如果 2～n-1 之间的每一个数都不能被 n 整除，则此数为素数，否则就不是素数。由于循环次数固定，因此也可以使用 For 语句并且循环变量的初值为 2，终值是 n\2 或 Int(n/2)（因为 1 个数除了 1 和它本身外，其余因子不会超过这个数的一半）。

③ 在循环过程中，如果有循环变量的值能被 n 整除，则用 Exit For 语句提前结束循环。

④ 循环结束后，判断条件循环变量<=终值的值，如果为真，则意味着有某个数能被 n 整除，程序执行了 Exit For 语句提前结束循环，因此 n 不是素数；否则，n 就是一个素数。

具体步骤如下：

① 在窗体上添加 1 个命令按钮，2 个标签。

② 设置窗体及各控件相关属性。

③ 编写如下代码：

```
Private Sub Command1_Click()
    Dim n As Integer, i As Integer
    n = InputBox(" 请输入一个正整数")
    Label1.Caption = "您所输入的数据是" & n
                                          '被判断的数显示到标签中
    For i = 2 To Int(n/2)
                      'n 的因子（除了 1 和 n 外）不会出现在 Int(n/2)+1～n 之间
        If n Mod i = 0   Then Exit For
    Next i
    If i <= Int(n/2) Then
                      '如果条件成立，说明在循环过程中 n Mod i=0 成立，提前结束了循环
        Label2.Caption = "此数不是素数"
    Else
        Label2.Caption = "此数是素数"
    End If
End Sub
```

【实验 6-5】利用随机函数产生 10 个（10，100）之间的随机整数，请输出其中最大值。

方法分析：

① 函数 Int(Rnd*(100-10+1)+10)用来产生随机整数。

② 定义变量 max 用于保存将来找到的最大值，给其赋初值为 0。

③ 将产生的每一个随机整数分别与 max 比较，如果某个数大于 max 的值，则将此数赋值给 max，经过反复比较后，最大的值即存在于 max 中。

④ 产生随机数与寻找最大值的操作均发生命令按钮的 Click 事件过程中。

具体步骤如下：

① 在窗体中添加 3 个命令按钮，一个文本框（用来显示所产生的 10 个随机数），一个标签(用来显示最终的最大值)。

② 按表 6-3 设置窗体及各控件的相关属性。

表 6-3 窗体及各控件的相关属性设置

对　象	属　性	设置属性值
Text1	Text	空
	MultiLine	True
	ScrollBars	2
	Locked	True（不允许修改）
Label1	Caption	空
Command1	Caption	找最大值
Command2	Caption	清空
Command3	Caption	结束

③ 编写程序代码如下：

```
Private Sub Command1_Click()
    Dim x As Integer, max As Integer, i As Integer
    Randomize
    max = 0
    For i = 1 To 10
        x = Int(Rnd * (100 - 10 + 1) + 10)
        Text1.Text = Text1.Text & x & vbCrLf        'vbCrLf 功能是回车换行
        If x > max Then max = x
    Next i
    Label1.Caption = "最大值为" & max
End Sub
Private Sub Command2_Click()
    Text1.Text = ""
    Label1.Caption = ""
End Sub
Private Sub Command3_Click()
    End
End Sub
```

【实验 6-6】在窗体的两个文本框中分别输入两个数，单击命令按钮后，计算这两个数的最大公约数，并将其显示到标签控件中。

方法分析：

① 设任意输入的两个数分别保存到变量 m 与 n 中，它们的最大公约数应该出现在 1～m 之间（1～n 也可以）。

② 为了找到最大公约数，可以按 m→1 的方向寻找，找到的第一个能够同时被 m 和 n 整除的数就是我们要找的最大公约数，其余的数就不需再判断了，可以用 Exit For 语句提前结束循环。

具体步骤如下：

① 设计界面，在窗体中添加 2 个文本框，用于输入被判断的两个数字，1 个标签用于输出结果，3 个命令按钮（代表计算公约数、清空、结束）。

② 设置 3 个命令按钮的 Caption 属性分别为计算公约数、清空、结束；文本框的 Text 属性为空，标签的 Caption 属性为空。

③ 编写如下程序代码：

```
Private Sub Command1_Click()        '计算公约数按钮
    Dim m As Integer, n As Integer, i As Integer
    m = Val(Text1.Text) ： n = Val(Text2.Text)      '被判断的两个数分别用 m 和 n 来表示
    For i = m To 1 Step -1
        If m Mod i = 0 And n Mod i = 0 Then      '公约数判断条件
            Label1.Caption = "最大公约数是" & i
            Exit For       '找到第一个公约数就停止循环
        End If
    Next i
End Sub
Private Sub Command2_Click()      '清空按钮
    Text1.Text = ""
    Text2.Text = ""
    Label1.Caption = ""
End Sub
Private Sub Command3_Click()
    End
End Sub
```

【实验 6-7】编写程序，其功能是输出如图 6-1 所示的图形。

图 6-1

方法分析：

① 图形包括 5 行，每行都是输出空格与“*”，这种操作被重复执行 5 次，因此用 For 循环可以实现，循环变量代表正在处理的行数。

② 在每一次循环中首先要求输出若干空格，被输出的空格数量与行数的关系是 5-i

行数（为了使图形能显示到窗体中间，可以设定为 10-i）；输出空格后紧接着要输出 2*行数-1 个“*”，这也是一个重复的过程，应该用循环来实现。

③ 将每一行的空格与“*”输出后，需要用一条 Print 语句来结束本行的输出。

程序代码如下：

```
Private Sub Form_Click()
    Dim i As Integer, j As Integer, k As Integer
    Form1.FontSize = 20
    For i = 1 To 5          '代表行数
        For j = 10 – i To 1 Step -1        '代表输出空格的循环变量
            Print "   ";
                         '下一个 Print 输出的数据与本次输出数据在同一行，并按紧凑格式输出
        Next j
        For k = 1 To 2 * i – 1          '代表输出“*”的循环变量
            Print "*";
        Next k
        Print            '结束第 i 行的输出
    Next i
End Sub
```

【实验 6-8】求 S_n=2+22+222+…+222…222（n 个 2）

方法分析：

① 计算前，使用 InputBox 输入 n 的值。

② 该问题总体来说是 n 个数求和，而且这些数之间存在着 $A_i=A_{i-1}*10+2$ 的关系，将第一个数A(初值为2)与s(s的初值为0)相加，保存到s中，然后利用关系 $A_i=A_{i-1}*10+2$，计算出下一个加数，再与 s 相加重新保存到 s 中。这种利用关系 $A_i=A_{i-1}*10+2$ 产生下一个加数，并与 s 相加的操作被循环执行，因此用 For 循环结构来实现。

编写程序代码如下：

```
Private Sub Form_Click()
    Dim s As Single      '代表最后计算结果
    Dim a As Single      '为保证数据不会溢出
    Dim n As Integer, i As Integer
    Dim str As String      '用来表示 2+22+222+…+222…222
    n = InputBox("请输入一个整数")
    a = 2 :   s = 2 :   str = "2"
    For i = 1 To n - 1
        a = a * 10 + 2
        s = s + a
        str = str & "+" & a      '将产生的各个数连接起来
    Next i
```

```
    Label1.Caption = str & "=" & s
End Sub
```

运行程序，其结果如图 6-2 所示。

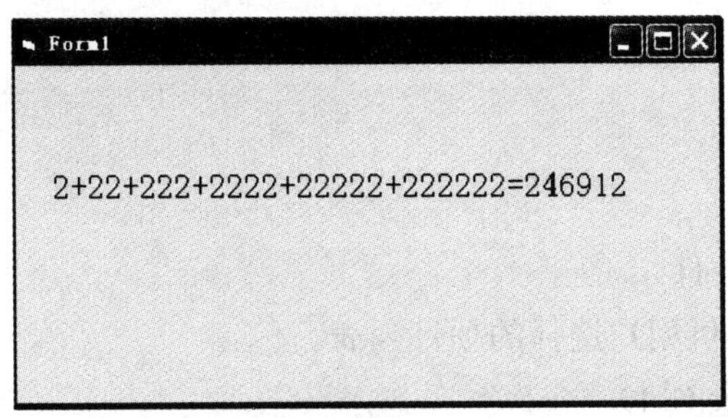

图 6-2

【实验 6-9】设计程序，计算 s=1+(1+2)+(1+2+3)+…+(1+2+3+…+n)的值，其中 n 的值由用户输入。

方法分析：

① 题目中的式子相当于 s=(1)+(1+2)+(1+2+3)+…+(1+2+3+…+n)，如果把每个括号当作一个数字，则相当于 n+1 个数字求和。假如每个括号的和用 t 来表示，相当于将 s=s+t 循环执行了 n+1 次。

② 但在每一次循环执行 s=s+t 之前，需要先计算出 t 的值。而在第 i 次循环时，t 的值应该是 1+2+3+…+i 的值，相当于要编写一段代码来实现 t=1+2+3+…+i，这对于我们来说用 For 循环语句很容易实现，在此问题中相当于一个循环中嵌套了另一个循环，构成了循环结构的嵌套。

程序代码如下：

```
Private Sub Form_Click()
    Dim s As Single, t As Single
    Dim n As Integer, i As Integer
    n = InputBox("请输入一个整数")
    s = 0
    For i = 1 To n
        t = 0          '为记录下一组数据的和，应将其清零
        For j = 1 To i          '计算 1+2+3+…+i 的值
            t = t + j
        Next j
        s = s + t
    Next i
    Label1.Caption = "计算结果为：" & s
End Sub
```

6.2 列表框与组合框

6.2.1 预备知识

1. 列表框（ListBox）控件

列表框用于列出可供用户选择的项目列表。

① 列表框主要属性（表 6-4）

表 6-4 列表框的主要属性

属 性	说 明
Columns	指定列表框中列的数目：0-垂直单列列表；1-水平单列列表，大于 1-水平多列列表，默认值为 0
List	字符串数组，每个元素都是列表框的一个列表项内容
ListCount	整型，返回列表框列表项的个数
ListIndex	整型，返回或设置列表框中被选中列表项的序号
MultiSelect	整型，设置或返回能否在列表框中进行多项选择，0-一次只能选择一项，1-用鼠标单击可以选择多项，2-按住 Ctrl 键用鼠标单击可选择多项
Selected	逻辑值，设置或返回列表框中各项的被选状态
Sorted	设置列表框中的选项是否按字母和数字升序排序
Text	返回最后一次被选中列表项的内容，在程序中不能设置

② 列表框的主要事件

主要事件有 Click，DbClick，鼠标事件和焦点事件等。

③ 列表框的常用方法（表 6-5）

表 6-5 列表框的常用方法

名 称	功 能	语 法
AddItem	在运行时向列表框增加一项	列表框名. AddItem
ReMoveItem	删除列表框中指定项目	列表框名. ReMoveItem
Clear	清除列表框中的所有项目	列表框名. Clear

2. 组合框（ComboBox）控件

组合框控件不仅具有列表框控件的功能，还具有文本框控件的功能，用户既可以在组合框中选择项目也可以文本输入到组合框中。

① 组合框控件的主要属性

组合框控件的主要属性与列表框基本相同。组合框控件的主要属性见表 6-6。

表 6-6　组合框控件的主要属性

属　性	说　明
Style	设置组合框的外观
Text	用于保存在组合框中所选内容或向组合框输入的内容

说明：

- Style=0 时，表示可直接输入文本，也可以单击文本框右侧的箭头按钮打开选项列表，选中某一项后，该项将写入文本框中，同时下拉列表关闭。
- Style=1 时，是简单组合框。这时文本框右侧无箭头按钮，选项列表始终显示。可以直接输入文本，也可以从列表中选择项目。
- Style=2 时，是下拉式列表框，它与下拉式组合框相似。与前一种样式不同的是，选择选项只能从列表中选择，不能在文本中输入。

② 组合框的主要事件

组合框的事件与列表框基本相同。列表框可触发 DbClick 与 Change 事件，而组合框不能触发这两个事件，它可以触发 DropDown 事件。

③ 组合框控件的主要方法

组合框控件的主要方法与列表框基本相同。

6.2.2　实验内容

实验目的

- ➢ 掌握列表框与组合框的主要属性、事件与方法。
- ➢ 掌握列表框与组合框的主要区别。
- ➢ 熟练应用列表框与组合框于实际问题的解决。

【实验 6-10】 建立界面如图 6-3，标签（Label1）将显示列表框项目的总数。同时将文本框（Text1）中的字体变成列表框中所选字体。

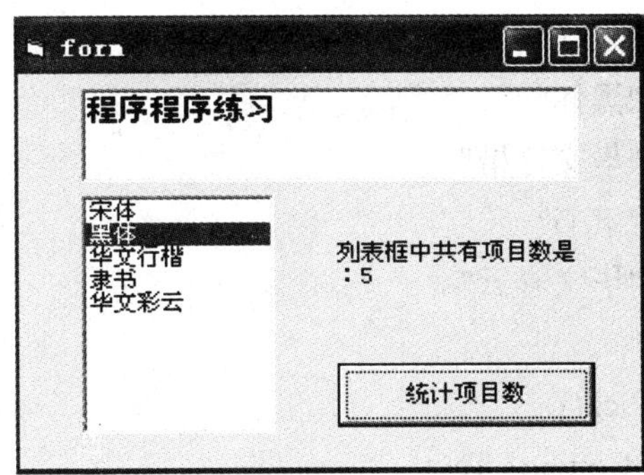

图 6-3

方法分析：

① 在窗体中添加 1 个文本框、1 个标签、1 个命令按钮和 1 个列表框控件。将命令按钮的 Caption 属性值设置为“统计项目数”。

② 在 Form 的 Load 事件过程中通过 AddItem 为列表框添加项目。

③ 单击“统计项目数”按钮，触发 Click 事件，此事件过程完成的功能是统计列表项的总数，而列表框的 ListCount 属性值正是列表框的总项目数。

④ 单击列表框中某项目，触发的是列表框 Click 事件，此事件过程是将文本框中字符的字体设置为所选列表项，而列表框中所选项目名称保存到列表框的 Text 属性中，将其赋值给 Text1 的 FontName 属性即可。

程序代码如下：

```
Private Sub Form_Load()
    List1.AddItem "宋体"
    List1.AddItem "黑体"
    List1.AddItem "华文行楷"
    List1.AddItem "隶书"
    List1.AddItem "华文彩云"
End Sub
Private Sub List1_Click()
    Text1.FontName = List1.Text          ' List1.Text 代表在列表框中所选项目
End Sub
Private Sub Command1_Click()
    Label1.Caption = List1.ListCount     ' ListCount 代表列表框项目总数
End Sub
```

【实验 6-11】将实验 6-10 中的列表框换成组合框（不允许用户输入字体），实现同样功能。

方法分析：

为使用户不能随意输入所需要字体，将组合框的 Style 属性设置为 2。

程序代码如下：

```
Private Sub Form_Load()
    Combo1.AddItem "宋体"
    Combo1.AddItem "黑体"
    Combo1.AddItem "华文行楷"
    Combo1.AddItem "隶书"
    Combo1.AddItem "华文彩云"
End Sub
Private Sub combo1_Click()
    Text1.FontName = Combo1.Text
End Sub
Private Sub Command1_Click()
    Label1.Caption = Combo1.ListCount
End Sub
```

【实验 6-12】编程实现用户输入姓名，选择性别和年龄（已列出在列表框中）后，用消息框输出学生信息。设计界面如图 6-4 所示，运输界面如图 6-5 所示。

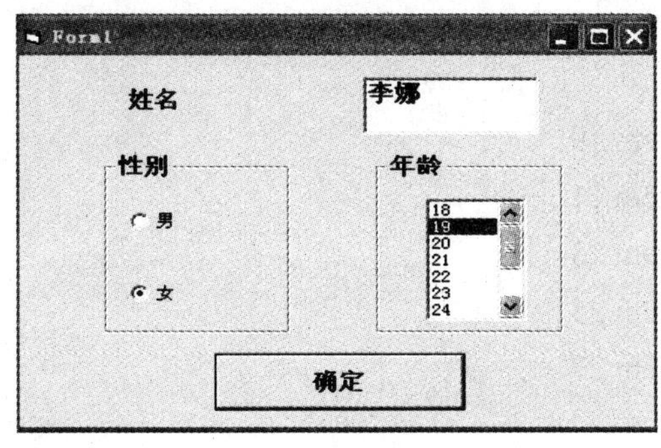

图 6-4

图 6-5

方法分析：

① 在 Form 的 Load 事件中给列表框 List1 添加项目，并将 2 个单选按钮的 Value 值都设置为 False。

② 在列表框中选择年龄后，所选项目保存在属性 Text 中。关于性别的两个单选按钮，只能选择其中一个，通过判断其 Value 属性值来判断到底选择的是哪个单选按钮。

③ 单击“确定”按钮时，触发 Command1 的 Click 事件，在此事件过程中将文本框中的姓名、所选的性别以及列表框中所选的年龄三者连接在一起通过消息框显示。

具体步骤如下：

① 在窗体中添加 1 个命令按钮，1 个文本框，1 个标签，2 个单选按钮，1 个列表框，2 个框架（相当于一个容器，将同类型控件收集在一起作为一个整体）。

② 将窗体及各控件基本属性按表 6-7 设置。

表 6-7　窗体及各控件基本属性

控　件	属　性	设置属性值
Command1	Caption	确定
Label1	Caption	姓名
Text1	Text	空
Option1	Caption	男
Option2	Caption	女
Frame1（框架）	Caption	性别
Frame2	Caption	年龄

③ 程序代码如下：

```
Private Sub Command1_Click()
    If Option1.Value = True Then
        x = Text1.Text & Option1.Caption & List1.Text
                                         '将将来要显示到消息框的字符连起来
    Else
        x = Text1.Text & Option2.Caption & List1.Text
```

```
        End If
        MsgBox x, 48, "学生信息"
    End Sub
    Private Sub Form_Load()
        List1.AddItem 18 : List1.AddItem 19
        List1.AddItem 20 : List1.AddItem 21
        List1.AddItem 22 : List1.AddItem 23
        List1.AddItem 24 : List1.AddItem 25
        List1.AddItem 26 : List1.AddItem 27
        Option1.Value = False
        Option2.Value = False
    End Sub
```

6.3 综合练习

一、填空题

1. 在 VB 中，组合框相当于_________和文本框的组合。
2. 用________方法可移除列表框中的一个项目。
3. 列表框控件中最后一个数据项的属性值为______。
4. 将数据项"China"添加到列表框（List1）中成为第一项应使用的语句是_______。
5. 根据下列分段函数：补全下面的程序。

$$z=\begin{cases} x+y & (x>10) \\ y/x & (x=10) \\ 0 & (0=<x<10) \end{cases}$$

```
    Private Sub Command1_Click()
        x = Val(Text1.Text)
        y = Val(Text2.Text)
        Select Case x
            Case ________
                z = x + y
            Case ________
                z = y / x
            Case ________
                z = 0
        End Select
        Text3.Text = z
```

```
End Sub
```

6. 在下面的程序中，要求循环体执行 4 次，试填空。

```
Private Sub Command1_Click()
    x = 1
    Do While_______
        x = x + 2
    Loop
End Sub
```

7. 以下程序的功能是：如果批发的货物数量在 100 件以下（不包括 100），则可享受 8 折优惠；如果批发数量超过 100，但少于 500 件（不包括 500），可享受 7 折优惠；如果超过 500 件，则可享受 5.5 折优惠。请将程序补充完整。

```
Private Sub Form_Click()
    Dim n As Integer, s as single
    n = InputBox("请输入批发货物的数量")
    If n < 100 Then
        s = 80 * n * 0.8          '80 是指货物的单价
    ElseIf _________ Then
        s = 80 * n * 0.7
    __________
        s = 80 * n * 0.65
    End If
    Print "您应付款：" & s
End Sub
```

8. 以下程序的功能是：产生 20 个 200～300 之间的随机整数，输出其中能被 5 整除的数，并求出它们的和，请填空。

```
Private Sub Form_Click()
    For i = 1 To 20
        x =________
        If _________ Then
            Print x
            s = s + _____
        End If
    Next i
    Print s
End Sub
```

9. 以下程序的功能是计算 2！+4！+6！+…+20!，请将程序补充完整。

```
Private Sub Form_Click()
    Dim i As Integer, j As Integer
```

```
    Dim s As Single, t As Single
    s = 0
    For i = 2 To 20 _______
        t=______
        For j = 1 To i
            t = _______
        Next j
        s =______
    Next i
   Print s
End Sub
```

10. 在下面空白处填上相应的语句，使其能完成找出能被 5 和 7 整除的 5 个最小的正整数。

```
Private Sub Form_Click()
  Dim k As Integer, n As Integer
  k = 0: n = 1
  Do
      n = n + 1
      If_________ Then
          Print n
          k = k + 1
      End If
  Loop While _______
End Sub
```

二、读程序写结果

1. 程序运行后，单击命令按钮，则窗体上显示的内容是_______。

```
  Private Sub Command1_Click()
  Dim a As Integer,s As Integer
   a=175
      If a>160 then s=1
      If a>170 then s=2
      If a>180 then s=3
      If a>190 then s=4
      Print "s=";s
 End Sub
```

2. 下面程序后，如果输入的数字是 10，单击窗体，则输出结果为_______。

```
Private Sub Form_Click()
  Dim n As Integer
```

```
    n = InputBox("请输入一个数")
    Select Case n
      Case 1 To 20
        x = 10
      Case 2, 4, 6
        x = 20
      Case Is < 10
        x = 30
      Case 10
        x = 40
    End Select
    Print x
  End Sub
```

3. 下面程序的运行结果为_______。

```
Private Sub Form_Click()
    Dim i As Integer, a As Integer
    a = 0
    For i = 1 To 10
    a = a + i \ 7
    Next i
    Print a
End Sub
```

4. 下面程序的运行结果为_______。

```
Private Sub Form_Click()
    Dim a, b
    b = 1: a = 2
    Do While b < 10
      b = 2 * a + b
    Loop
    Print b
End Sub
```

5. 下面程序的运行结果是_______。

```
Private Sub Form_Click()
    Dim i As Integer
    For i = 1 To 4
      Print Chr(65 + i);
    Next i
End Sub
```

6. 下面程序的运行结果是________。

```
Private Sub Form_Click()
    Dim num As Integer
    num = 1
    Do Until num > 6
      Print num;
      num = num + 2.4
    Loop
End Sub
```

7. 下面程序的运行结果是________。

```
Private Sub Form_Click()
    Dim i As Integer, j As Integer, a As Integer
    For i = 1 To 2
      a = 0
      For j = 1 To i + 1
        a = a + 1
      Next j
      Print a;
    Next i
End Sub
```

三、**操作题**

1. 设计界面如图 6-6，要求单击“产生数据”时，随机产生 10 个 10～100 之间的随机整数，添加到列表框中；单击“逆序显示”时，将列表框中的数据以逆序形式显示到另一个列表框中；单击“清空”时，将两列表框中文本全部清空。

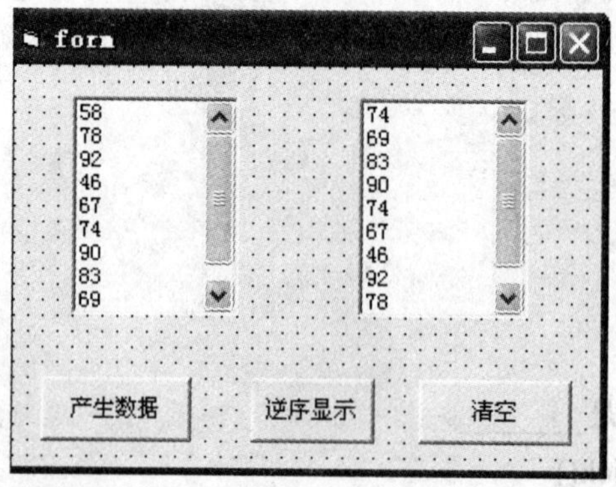

图 6-6

2. 设计如图 6-7，窗体中包括 1 个文本框、2 个标签、2 个组合框，当单击包含字号内容的组合框时，文本框中字符变为相应字号大小，单击包含字体内容的组合框时，将文本框中字符的字体变为所选择的字体。

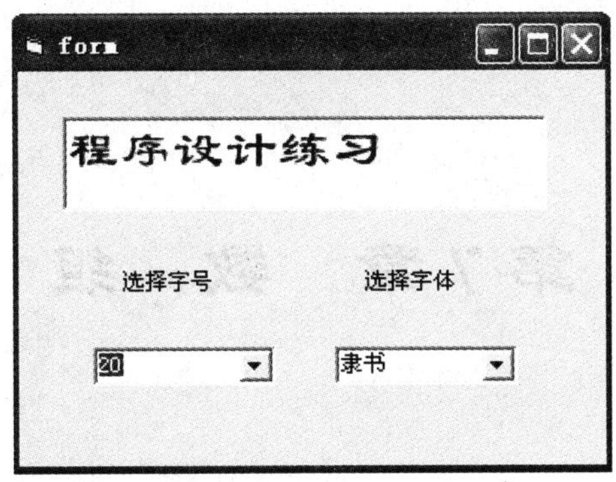

图 6-7

3. 显示 100 以内 6 的倍数，并求这些和。
4. 求圆周率 π 的值。计算公式：$\frac{\pi}{4}=1-\frac{1}{3}+\frac{1}{5}-\frac{1}{7}+\cdots$
5. 编写程序计算 s=1*2*3*…*n 的值，求 s 不大于 32767 时最大的 n。
6. 利用随机函数产生 10 个 10～100 之间的随机数，请输出其中最小值。
7. 将一张 1 元的钞票换成 1 分、2 分和 5 分的硬币，每种至少 8 枚，问有多少种方案。

第 7 章　数　组

7.1　数　组

7.1.1　预备知识

1. 数组的概念

一组排列有序的、个数有限的变量作为一个整体，用一个统一的名字来表示，称为数组。（注意：数组并不是一种数据类型，而是用来存放或表示一组相关的数据。）

数组中的每个元素，称为数组元素，各数组元素间通过下标来进行区分。

通过一个例题来了解有关数组和数组元素与简单变量间的关系。

例如：称量 10 个儿童的体重，找出体重低于平均值的。

称量所得到的 10 个数据如果用以前学过的简单变量存储，要分别存放在 x、y、z、m、n 等 10 个变量中，由于变量名过多而且无规律，在编程中不易使用而且会使程序代码冗长。

```
Dim   x, y, z, m, n, q, k, l, p, b As Integer;
x=InputBox("输入儿童体重") : y= InputBox ("输入儿童体重")
z= InputBox ("输入儿童体重"): m= InputBox ("输入儿童体重")
n= InputBox ("输入儿童体重"): q= InputBox ("输入儿童体重")
k= InputBox ("输入儿童体重"): l= InputBox ("输入儿童体重")
p= InputBox ("输入儿童体重"): b= InputBox ("输入儿童体重")
aver=(x+y+z+m+n+q+k+l+p+b )/10;
      If   x < t   Print x ;
      If   y < t   Print y ;
      If   z < t   Print z ;
      If   m < t   Print m ;
      If   n < t   Print n ;
      If   q < t   Print q ;
      If   k < t   Print k ;
      If   l < t   Print l ;
```

```
If  p<t  Print p ;
If  b<t  Print b ;
```

以上程序段中，绝大多数代码都是功能相同重复编写，而且随着儿童数量的增长，程序代码会不断增加。

实际上，上面的一组变量属于同一类型（体重），而且是有序的（它们的值分别表示第1个到第10个儿童的体重），因此我们可以用数组来表示这组变量，表示形式如下：

a(1)　a(2)　a(3)　a(4)　a(5)　a(6)　a(7)　a(8)　a(9)　a(10)

其中：a（1）到a（10）都是数组a中的数组元素，a(1)表示第一个儿童的体重，a(2)表示第二个儿童的体重，依次类推。

如果用数组来解决上述问题，程序代码如下：

```
Dim  a(10), t=0, i As Integer      '定义数组a，其中包含10个数组元素
For i=1 to 10
a(i)=Val(InputBox("输入儿童体重"))
                          '通过循环分别为10个数组元素赋值，val函数是将inputbox输入
                          的字符型数据转换为数值型
t =t +a(i)      '分别将每个被赋值的数组元素相加
Next i
t = t/10;
For i=1 to 10
   If( a(i) < t ) Then Print a(i)    '通过循环分别将每个数组元素的值与平均值相比较
Next i
```

与上面的程序对比发现，利用数组解决此类问题，程序代码变得简洁，而且不会随着儿童数目的增长而变长。

2. 简单变量与数组的区别

① 我们在前几章中使用的变量x，y，z等为简单变量；用一个相同名字来代表一组相同类型变量的就是数组。

② 数组中的数组元素在内存中占用一段连续的内存空间，即数组的有序性；而简单变量在内存中的存放是不连续的，即简单变量的无序性。

③ 与简单变量一样，当一个数组被声明成变体类型时，它的每个元素也是变体类型，因此，可以存放各种类型的数据。

3. 数组的命名

同简单变量的命名规则。

4. 数组元素下标的使用说明

① 下标放在数组名后的括号内，例如：a(10)，表示数组a中的第10个元素。

② 下标可以是常量、变量或表达式，例如：a(i)，a(i+2)。

③ 下标反映元素在数组中的位置，例如：a(3)表示数组a中顺序号为3的元素。

④ 下标变量与简单变量一样，可以被赋值和引用，例如：a(3)=20。

5. 静态数组的定义

静态数组一经定义后，无论是否使用，总是占用内存直到过程调用结束，并且在此期间数组的大小、维数不能改变。

① 一维静态数组的定义

若要使用下标变量，必须先定义数组。一个数组，包括数组名称、数组维数、数组单元数等因素。在使用数组时，要将以上内容告诉计算机，以便开辟足够的内存单元来存储数据，这叫做建立（说明、定义或声明）一个数组。其语法格式为：

Dim 数组名([下界 To]上界[, [下界 To]上界]…) [As 类型名称]

说明：

● 定义数组时指定下标的上下界

例如：Dim a(2 to 5) As Integer

Dim b(-2 to 2) As Variant

定义了一个名为 a 的整型静态数组，其中包括 a(2)、a(3)、a(4)和 a(5) 4 个数组元素，同时定义了一个名为 b 的变体类型静态数组，其中包括 b(−2)、b(−1)、b(0)、b(1)和 b(2) 5 个数组元素。

● 定义数组时没有指定下标下界，默认下标下界为 0。

例如：Dim a(5) as Integer

定义一个名为 a 的整型静态数组，其中包括 a(0)、a(1)、a(2)、a(3)、a(4)、a(5) 6 个数组元素。

● 可以在代码窗口的通用声明中用 Option Base n 设定数组下界（n 只能是 0 或 1）。

例如：Option base 1

Dim a(5) As Single

数组 a 的下标下界从 1 开始，即 a 数组中包括 a(1)…a(5)共 5 个数组元素。

② 数组使用说明

● 数组名可以是任何合法的 VB 变量名。

● 数组必须先定义，后使用（目的是为数组在内存中留出所需空间）。

● 当使用 Dim 语句定义数组时，数组中所有元素均被初始化（同变量定义初始化）。

● 一个 Dim 语句可同时声明几个数组，数组之间用“,”隔开。

例如：Dim a(10)，b(5) As Integer

● 定义数组时，下标的下界和上界值只能是常数或者常数表达式。

例如：Dim a(x) As Integer

X=InputBox("输入数组大小")

是错误的。

● 数组的最大长度取决于内存空间的大小。

● 可以用 LBound()、UBound()函数测定一个已定义数组的上界与下界值。

例如：Dim a(10) As Integer

LBound(a)

● 在同一个过程中，数组名不能与变量名相同，否则会出错。

6. 二维静态数组的定义

Dim 数组名([下界 To] 上界，[下界 To] 上界)[As 数据类型]

例如：Dim b(7,4) As single 或 Dim a(1 To 10, 1 To 3) As Integer

定义了一个名为b的二维静态单精度型数组，其中包含8行5列数组元素。

定义了一个名为a的静态整型数组，其中包含10行3列数组元素。

7. 多维静态数组的定义

多维数组的定义方法同一维数组、二维数组相似。

例如：Dim stu(5, 4, 6, 2) As Integer

注意：维数越多，可存储的数据越多，占用的内存越大，如非必要，少用高维数组。

8. 动态数组的定义

用户可以定义大小可以改变的数组，在需保存大量数据时增加数组的元素，而在数据量减少时减小数组的最大下标，甚至在不需要数组时将该数组删除，这类数组称为动态数组。动态数组可使内存空间得到有效而合理的管理。

动态数组的定义分为声明和定义两个阶段：

① 声明阶段说明数组的名称和类型，但不要在括号中写任何说明。例如：

Dim Test() As Integer

② 对于动态数组定义后，在使用时，需要注意以下几点：

● 使用该数组前，根据实际情况用 ReDim 语句再加以定义，说明其维数和大小（注意，ReDim 语句只能出现在过程内，它是可执行语句，而且 ReDim 语句只能改变数组的大小，不能改变数组的类型，同一过程中可多次使用 ReDim 语句）。例如：

ReDim Test（10）。

● 改变数组大小后，如果不指定 Preserve 关键字，执行该语句时，数组中原先存放的所有值将全部消失。例如：

```
Private Sub Form_Click()
Dim a() As Integer
Dim b() As Single
ReDim a(1 To 3)
ReDim b(1 To 2)
a(1) = 3: a(2) = 3: a(3) = 9
b(1) = 6: b(2) = 8
ReDim Preserve a(1 To 4)
ReDim b(1 To 3)
For i = 1 To 4
  Print "a(" & i & ")="; a(i)
Next i
For i = 1 To 3
  Print "b(" & i & ")="; b(i)
Next i
```

End Sub

程序运行结果如图 7-1 所示。

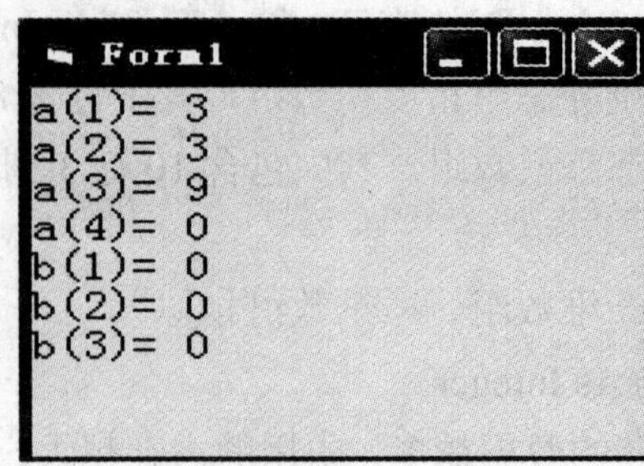

图 7-1

● 不需要动态数组时，可以将其删除。

Erase　数组名[,数组名]…

例如：Erase Test

9. 数组元素的输入、输出和复制

① 数组元素输入的方法

a) 设计时通过赋值语句输入。例如：a(3)=10

b) 程序运行时 InputBox 函数输入。例如：a(5)=InputBox("输入元素值")

c) 用 Array 函数输入（只适用于一维数组）

<数组变量名>=Array(<数组元素值表>)

参数说明：

● 数组变量名：预先定义的数组名，要求是一个变体变量名，称为“数组变量”，是因为它作为数组使用，但作为变量定义，它既没有维数，也没有上下界。

● 数组元素值表：用逗号隔开，给数组的各元素赋的值。

在缺省情况下，使用 Array 函数创建的数组的下界从 0 开始，否则由 Option Base 语句指定的下界决定。

注意：

● 错误的声明，下标是变量。

例如：n =InputBox("输入 n ")：Dim x(n) As Single

● 数组声明中的下标说明数组的整体，即每维大小；程序其他地方出现的下标表示数组中的一个元素。两者写法形式相同，但意义不同。

```
例如：Dim x(10) As Integer     '声明数组中有 x(0)到 x(10)共 11 个元素
      x(10)=100                '对 x(10)这个数组元素赋值（第 10 个）
```

② 数组元素的输出

a) 用 MsgBox 函数或 MsgBox 语句输出数组元素的值；

b) 用赋值语句把数组元素的值显示在标签、文本框或表现在其他控件上；

c) 用 Print 方法把数组元素的值输出到窗体或图片框中。

例如：Print a(1);a(2)

③ 数组元素的复制

将一个数组元素的值赋给另一个数组元素。

例如：Dim a(10),b(5) As Integer

```
b(1)=a(1)
```

10. For Each...Next 语句

专门用于操作数组和集合的。操作数组的结构是：

```
For Each <成员>In<数组>
    [<语句组>]
    [Exit For]
Next [<成员>]
```

其中：

- 成员：一个 Variant 变量，代表数组中每个元素。
- 数组：没有括号和上下界。对数组元素进行处理，包括查询、显示或读取。数组中有多少个元素，就自动重复执行多少次。

执行过程：

① 首先计算数组元素的个数，数组元素的个数就是执行循环体的次数；

② 每次执行循环体前先将数组的一个元素赋给成员，第一次是第一个数组元素，第二次是第二个数组元素，依次类推；

③ 执行循环体，执行后转②。

例如：Dim a(5) As Integer

```
For i = 1 To 5
    a(i) = Val(InputBox("输入数据"))
Next i
For Each x In a
    Print x;
Next x
```

7.1.2 实验内容

实验目的

- 了解数组的概念。
- 掌握静态数组与动态数组的特点。
- 学会使用数组进行程序编写解决实际问题。

【实验 7-1】从键盘上输入 10 个整数存入数组，然后按输入顺序的逆序输出这 10 个数。

方法分析：

① 输入方法的选择：要求从键盘输入 10 个整数，可以把它们作为一个数组（假定数组名为 a），选用 InputBox 函数来实现数据的输入；

② 为每个变量赋值都是重复的过程，因此可以通过循环依次为 a(1) 到 a(10) 完成赋值。

③ 输出时要求是逆序，此时应注意两点：一是要从 a(10) 到 a(1) 输出，二是这一输出过程也是重复的，也应配合循环来完成这一要求。

程序代码如下：

```
Private Sub Form_Click ()
  Dim a(1 To 10), i As Integer                    '定义含 10 个元素的整型数组 a
  For i = 1 To 10
    a(i) = Val(InputBox("输入数组中元素的值"))
                                  '通过循环分别将键盘输入的 10 个数赋给 a(1)到 a(10)
  Print "   a(" & i & ")=" & a(i);     ' &是字符串连接符，将每个数组元素名称及其值完整输出
  Next i
  Print
  For i = 10 To 1 Step -1
    Print "   a(" & i & ")=" & a(i)      ' 通过循环分别将 a(10)到 a(1)输出
  Next i
End Sub
```

程序运行结果如图 7-2。

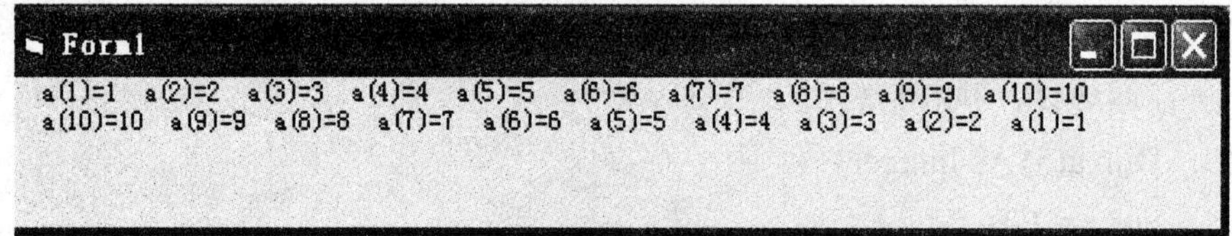

图 7-2

【实验 7-2】利用随机函数产生 15 个 1～100 之间的随机整数，把其中的偶数存入到另一数组中。

方法分析：

① 数组个数及大小的确定：此题中要将一组同类数据中的偶数存到另一个数组中，因此要用到两个数组（一个存放产生的 15 个随机整数，数组大小可定义为 15；另一个用来存放筛选后的偶数，因为有可能在某次随机产生的整数全部是偶数，所以此数组大小也应定义为 15）。

② 产生随机数的方法：随机函数 Rnd 用来产生随机数，本题中要求产生 15 个随机整数，因此应用配合循环来完成，同时利用 Int()函数将所产生的随机数取整。

③ 将符合条件的数组元素复制：每产生一个随机整数就赋给第一个数组中的一个元素，同时判断该值是否为偶数，如果条件成立，将该数组元素的值赋给另一数组元素，即为数组元素的复制。

④ 注意用来存放偶数数组元素的下标值的变化，本程序中使用两个变量 i 和 j 分别用来存放两个数组中数组元素的下标值。

程序代码如下：

```
Private Sub Form_Click()
  Dim x(1 To 15), y(1 To 15) As Integer     ' x 和 y 数组中分别存放随机数和筛选后的偶数
```

```
    Dim i,j As Integer
    j = 1                                   '作为数组 y 的下标
    For i = 1 To 15
        x(i) = Int(Rnd * (100 - 1 + 1) + 1)  '循环产生 15 个随机整数并赋给每个数组元素
        Print " x(" & i; ")=" & x(i);        '将每个数组元素名称及其值完整输出
        If x(i) / 2 = Int(x(i) / 2) Then     '分别判断每个数组元素是否为偶数
          y(j) = x(i)                        '实现数组元素的复制
          j = j + 1                          '将数组 y 的下标值增加 1
        End If
    Next i
    Print
    For i = 1 To j - 1                      '此时数组 y 中共有 j-1 个元素
      Print "    y(" & i; ")=" & y(i);
    Next i
End Sub
```

程序运行结果如图 7-3 所示。

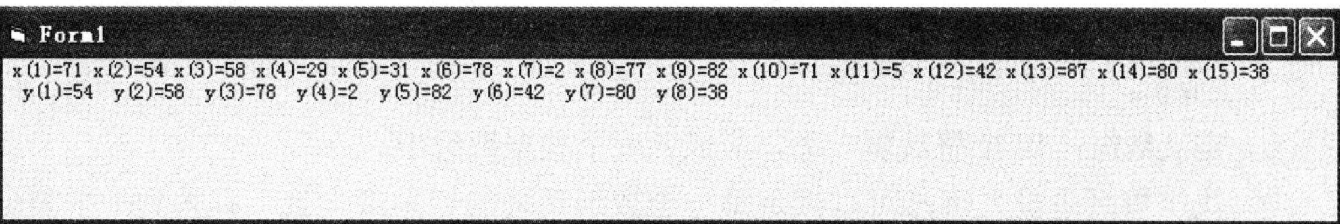

图 7-3

【实验 7-3】要求在实验 7-2 的基础上，把数组 x 中各元素的和以及平均值分别存到数组 y 中。

方法分析：

要把 x 数组中各元素的和以及平均值都存放到数组 y 中，这就要求数组 y 的大小在原来容纳 y(1) 到 y(15) 的基础上增加数组元素的个数，即 y(1) 到 y(17)，此时只要把实验 7-2 中数组 y 定义为动态数组即可解决。

程序代码如下：

```
Private Sub Form_Click()
    Dim x(1 To 15) As Integer
    Dim y() As Integer                  '定义数组 y 为动态数组
    Dim i,j,s As Integer
    Dim aver As Single
    j = 1: s = 0: aver = 0
    ReDim y(15)                         '利用 ReDim 重新定义动态数组 y 的大小
    For i = 1 To 15
        x(i) = Int(Rnd * (100 - 1 + 1) + 1)
        Print " x(" & i; ")=" & x(i);
```

```
        s = s + x(i)                       '求出数组 x 中各元素的和
        If x(i) / 2 = Int(x(i) / 2) Then
            y(j) = x(i)
            j = j + 1
        End If
    Next i
    aver = s / 15                          '求出数组 x 中各元素的平均值
    ReDim Preserve y(17)                   'Preserve 关键字保证在修改动态数组 y 大小的同时保留前面
                                           已经赋值的数组元素的值
    y(j) = s                               '把求得的和存到新增加的第一个数组元素中
    y(j + 1) = aver                        '把求得的平均值存到新增加的第二个数组元素中
    Print
    For i = 1 To j + 1                     'j+1 为增加两个元素后的数组 y 中元素的个数
        Print "    y(" & i; ")=" & y(i);
    Next i
End Sub
```

【实验 7-4】编写程序，求出给定 10 个整数中的最大值、最小值以及平均值并输出。

方法分析：

① 定义数组：10 个整数属一类，应放入一个整型数组中。

② 找出数组中最大值：可以假定第一个数组元素的值为最大值，存入到一个简单变量 max 中，用 max 和其他的数组元素值分别进行比较，如果某数组元素值大于它，即把大的值赋给它，如果不大于，就继续和后面的数组元素比较，直到全部比较完后，数组中的最大值一定存放在该变量中。

③ 求最小值的方法同②。

④ 求平均值：用数组中各数组元素的累加和除以 10。

方法 1 程序代码如下：

```
Private Sub Form_Click()
    Dim x, m As Variant          '用 Array 只能为变体类型数组变量赋初值
    Dim Mas, Min, sum As Integer
    x = Array(10, 54, 23, 89, 78, 76, 44, 32, 20, 9)    '利用 Array 函数为数组变量 x 输入初值
    Max = x(1)                                           '分别将 x(1)赋给最大值和最小值变量
    Min = x(1)
    For Each m In x              ' m 是 x 中的成员，即数组元素的值，通过循环，将每个数
                                 组元素的值分别与最大、最小值变量进行比较
        If m > Max Then Max = m
        If m < Min Then Min = m
        Sum=sum+m
    Next
```

```
        Print "The max is " & Max
        Print "The min is " & Min
        Print "The sum is " & Sum
    End Sub
```

程序的运行结果为：

The max is 89

The min is 9

The sum is 435

方法 2 程序代码如下：

```
Private Sub Form_Click()
    Dim x(1 To 10) As Integer
    Dim i, Max, Min, sum As Integer
    x(1) = 10: x(2) = 54: x(3) = 23: x(4) = 89
    x(5) = 78: x(6) = 76: x(7) = 44: x(8) = 32
    x(9) = 20: x(10) = 9
    Max = x(1)
    Min = x(1)
    For i = 2 To 10
        If x(i) > Max Then Max = x(i)
        If x(i) < Min Then Min = x(i)
        sum =sum + x(i)
    Next i
    sum=sum + x(1)
    Print "the max is " & Max
    Print "the min is " & Min
    Print "the sum is " & Sum
End Sub
```

程序的运行结果为：

The max is 89

The min is 9

【实验 7-5】某数组有 20 个元素，元素的值由键盘输入，要求将前 10 个元素与后 10 个元素对换。即第 1 个元素与第 20 个元素对换，第 2 个元素与第 19 个元素对换，……，第 10 个元素与第 11 个元素对换。输出数组原来各元素的值和对换后各元素的值。

方法分析：

① 定义数组及为数组中的元素赋值：定义一个具有 20 个元素的整型数组，并通过 InputBox 函数为每个数组元素赋值。

② 实现数组中前 10 个元素与后 10 个元素对换的方法：如果按照题目的要求，只需进行 10 次数组元素值的交换（即 a(1)到 a(10)分别和后面的 10 个元素交换），关键是

如何在这 10 次循环中表现出 a(1)与 a(20)、a(2)与 a(19)……这一交换规律，本程序中我们通过循环中的表达式变换来实现，即 i 为取值范围从 1 到 10 的循环变量，利用表达式 a(i) = a(20 - i + 1)即可通过 i 值的变化，准确地实现以上交换规律。

③ 交换两个变量值的方法：两个数组元素互换值时，我们可以借鉴前面学过的交换两个简单变量值的方法，即采用一个中间变量，此题中变量 t 即为中间变量。

④ 交换时要利用表达式准确地表现数组元素下标值的变化。

程序代码如下：

```
Private Sub Form_Click()
  Dim a(1 To 20) As Integer
  Dim i, t As Integer
  For i = 1 To 20
    a(i) = Val(InputBox("输入数组元素的值"))
    Print " a(" & i & ")=" & a(i);
  Next i
  Print
  For i = 1 To 10          '按题目要求将数组元素值依次互换
    t = a(i)
    a(i) = a(20 - i + 1)
    a(20 - i + 1) = t
  Next i
  For i = 1 To 20
    Print " a(" & i & ")=" & a(i);
  Next i
End Sub
```

程序的运行结果如图 7-4 所示。

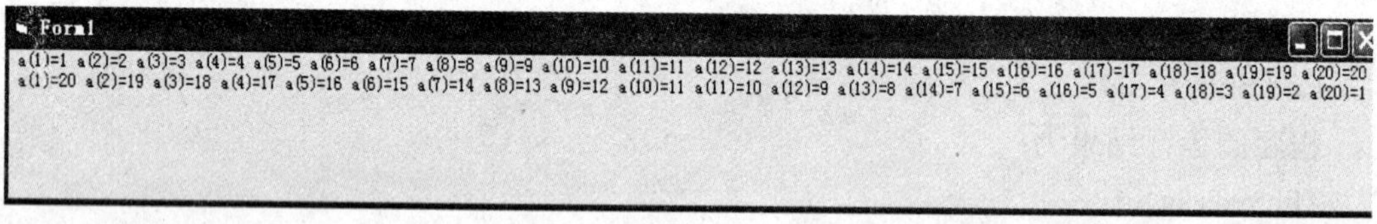

```
Form1
a(1)=1 a(2)=2 a(3)=3 a(4)=4 a(5)=5 a(6)=6 a(7)=7 a(8)=8 a(9)=9 a(10)=10 a(11)=11 a(12)=12 a(13)=13 a(14)=14 a(15)=15 a(16)=16 a(17)=17 a(18)=18 a(19)=19 a(20)=20
a(1)=20 a(2)=19 a(3)=18 a(4)=17 a(5)=16 a(6)=15 a(7)=14 a(8)=13 a(9)=12 a(10)=11 a(11)=10 a(12)=9 a(13)=8 a(14)=7 a(15)=6 a(16)=5 a(17)=4 a(18)=3 a(19)=2 a(20)=1
```

图 7-4

【实验 7-6】编写程序，输入 10 个字符放在数组中，将下标为 4 开始的数组元素中的字符顺序后移一个位置，并在下标为 4 的数组元素中放入字符@，输出所有字符。

方法分析：

① 定义数组：要向数组中存放的是字符，因此将数组定义为字符型，本实验中定为数组 a。

② 数组元素的个数在程序中发生变化，可以用两种方法编程：一是利用静态数组（将数组的大小定义得足够大，既使插入新字符也能容纳得下），二是利用动态数组（程序中随着数组元素个数的增加重新定义数组大小）。

③ 在数组中指定位置插入新元素的方法：因为要在第 4 个位置插入新字符，而原来的 a(4)中的值要放入到 a(5)中，原来 a(5)中的值要放到 a(6)中，依次类推。设循环变量 i=4，则可用 a(i+1)=a(i)来实现把 a(4)中的值放到 a(5)中，但此时 a(5)中的值被覆盖。所以要想做到从第 4 个元素开始依次后移而又不至于把后面的任何元素的值覆盖，应该先从最后一个元素 a(10)开始向后移动，即 a(11)=a(10)，把 a(10)中的值存入到 a(11)中，因为 a(11)中原本就是空的，不存在覆盖问题。然后再依次把 a(9)移入到 a(10)中，a(8)移入到 a(9)中，等等。

④ 从第 4 个元素开始均向后移动一位完成后，即可将新字符放入第 4 个元素中。

利用静态数组程序代码如下：

```
Private Sub Form_Click()
  Dim a(1 To 11) As String          '因为数组中元素的个数发生变化，定义字符型静态数组 a
  Dim i As Integer
   For i = 1 To 10
    a(i) = InputBox("输入数组元素值")
    Print " a(" & i & ")=" & a(i);
  Next i
  Print
  For i = 10 To 4 Step -1           '从 10 开始表示最先移动最后一位
    a(i + 1) = a(i)                 '从第四个元素开始均向后移动一位
  Next i
  a(4) = "@"                        '将字符@放入第四个元素中
  For i = 1 To 11
    Print " a(" & i & ")=" & a(i);
  Next i
End Sub
```

利用动态数组程序代码如下：

```
Private Sub Form_Click()
  Dim a() As String                 '因为数组中元素的个数发生变化，定义字符型动态数组 a
  Dim i As Integer
  ReDim a(1 To 10)
  For i = 1 To 10
    a(i) = InputBox("输入数组元素值")
    Print " a(" & i & ")=" & a(i);
  Next i
  ReDim Preserve a(1 To 11)         '重新定义动态数组的大小
  Print
  For i = 10 To 4 Step -1           '从 10 开始表示最先移动最后一位
    a(i + 1) = a(i)                 '从第四个元素开始均向后移动一位
```

```
    Next i
    a(4) = "@"                    '将字符@放入第四个元素中
    For i = 1 To 11
        Print " a(" & i & ")=" & a(i);
    Next i
End Sub
```

程序的运行结果如图 7-5 所示。

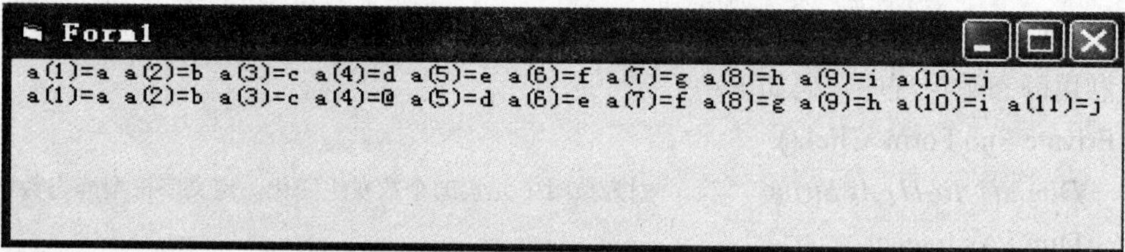

图 7-5

【实验 7-7】从键盘为一个 5 行 5 列的二维数组中的各元素赋值，然后以每行 5 个元素输出。

方法分析：

① 二维数组的输入与输出：二维数组的输入、输出均要通过双重循环（外循环控制行的变化，内循环控制列的变化）来进行。

② 每行输出 5 个元素的方法：题目中要求每 5 个元素一行进行输出，此时必须要有一个变量用来记录每行已输出元素个数，当满 5 个时即换行。本实验中变量 n 来完成这一功能，称作计数器，即每输出一个元素值，该变量的值都要累加 1，然后判断该变量是否能被 5 整除，如果条件成立，即表示该行已经输出 5 个元素。

程序代码如下：

```
Private Sub Form_Click()
    Dim a(1 To 5, 1 To 5) As Integer      '定义一个 5 行 5 列的二维数组
    Dim i, j, n As Integer      'n 用来记录输出数组元素的个数
    s1 = 0: s2 = 0: n = 0
    For i = 1 To 5
        For j = 1 To 5
            a(i, j) = Val(InputBox("输入数组元素的值"))
            Print a(i, j);
            n = n + 1               '每输出一个数组元素，n 中的值增加 1
            If n / 5 = Int(n / 5) Then Print      '当 n 的值为 5，即本行已输出 5 个数组元素时，
                                                  换行
        Next j
    Next i
End Sub
```

程序的运行结果如图 7-6 所示。

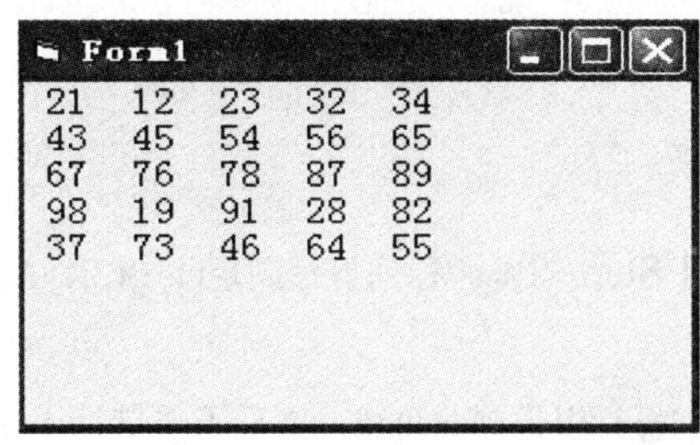

图 7-6

【**实验** 7-8】求出一个 5×5 矩阵的左对角线和右对角线元素之和。

方法分析：

① 数组的定义：矩阵和二维数组的形式是完全一样的，因此我们可以定义一个具有五行五列的二维数组 a（1 to 5,1 to 5）来表示题目中的矩阵。

② 数组元素的赋值：通过双循环（内外循环变量分别为 i 和 j）完成对二维数组中各元素值的输入。

③ 确定左对角线上的元素：当数组元素的行下标值和列下标值相等的时候（即满足条件 i=j），该元素即为左对角线中的元素。

④ 对左对象线上各元素求和。

⑤ 确定右对角线上的元素：数组元素的行下标值和列下标值分别为：(1,5)(2,4)(3,3)(4,2)(5,1)的才是右对角线中的元素，程序编写中找不到规律，我们只能利用行下标值和列下标值在表达式中的变化找出满足以上条件的元素进行累加。

⑥ 对右对角线上各元素求和，再与左对角线元素和相加。

程序代码如下：

```
Private Sub Form_Click()
  Dim a(1 To 5, 1 To 5) As Integer     '定义一个 5 行 5 列的二维数组
  Dim i, j, s1, s2, n As Integer       's1,s2 存放两个对角线和，n 用来记录输出数组元素的个数
  s1 = 0: s2 = 0: n = 0
  For i = 1 To 5
    For j = 1 To 5
      a(i, j) = Val(InputBox("输入数组元素的值"))
      Print a(i, j);
      n = n + 1
      If n / 5 = Int(n / 5) Then Print
    Next j
  Next i
  For i = 1 To 5
    For j = 1 To i
      If i = j Then                    '只要行和列下标值相等即为左对角线中的元素
        s1 = s1 + a(i, j)
      End If
```

```
        Next j
    Next i
    For i = 1 To 5
        For j = 5 - i + 1 To 1 Step -1      '行列下标满足(1,5)(2,4)(3,3)(4,2)(5,1)的为右对角线元素
            s2 = s2 + a(i, j)
            Exit For             '每行中找到对角线元素后不再继续本循环
        Next j
    Next i
    Print "右对角线和为："; s1
    Print "左对角线和为："; s2
End Sub
```

程序的运行结果如图 7-7 所示。

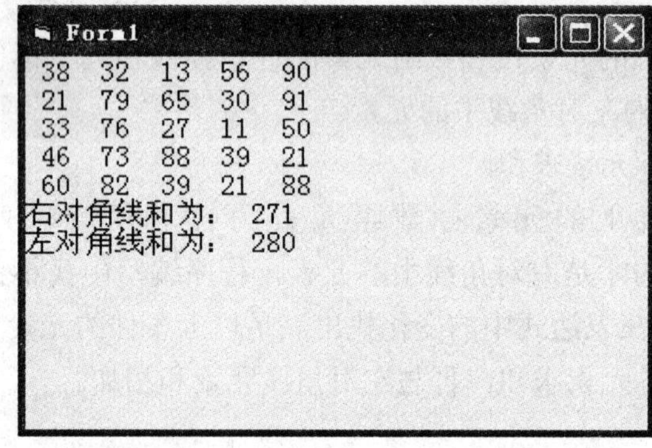

图 7-7

7.2 控件数组

7.2.1 预备知识

1. 控件数组的概念

控件数组是指一组相同类型控件的集合。

控件数组具有以下特点：

- 共用一个控件名，具有相同的属性。
- 数组中的每个控件都有唯一的索引号，即下标，下标值由 Index 属性指定，通过索引值来区别控件数组中的元素。
- 共享同样的事件过程，通过返回的下标值区分其中的各个元素。

2. 建立控件数组的步骤

① 在窗体上画出控件，进行属性设置，建立第一个元素。

② 选中该控件进行“复制”和若干次“粘贴”，建立所需个数的控件数组元素。

③ 进行事件过程的编程。

3. 指定控件的索引值

① 绘制控件数组中的第一个控件。

② 将其 Index 属性索引值改为 0。

③ 复制控件数组中的其他控件（随着控件数组中元素个数的增加，它们的索引值也依次变为 1，2，3，…）。

7.2.2 实验内容

实验目的

- 掌握控件数组的概念及其特点。
- 能够使用控件数组解决相关问题。

【实验 7-9】 设计一个字体设置对话框。

方法分析：

① 设计如图 7-8 所示操作界面：

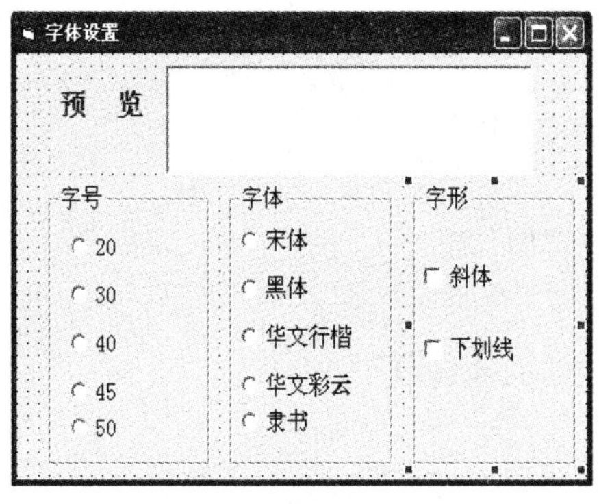

图 7-8

a) 窗体的设置：新建一个窗体，在属性窗口中将其 Caption 属性设置为“字体设置”。

b) 文本框的设置：在窗体上加一文本框（Text1），用来显示设置的字体效果，在属性窗口中将其 Text 属性值清空。

c) 框架的设置：在窗体上添加三个框架，在属性窗口中分别将它们的 Caption 属性设置为“字号”、“字体”和“字形”。

d) 控件数组 Option1：在字号框架中添加一个单选按钮 Option1，对它进行复制，反复粘贴 4 次，形成第一个控制数组，各控件的 Name 属性相同（都为 Option1），通过它们的 Index 属性（分别为 0，1，2，3）来具体区分控件数组中的每一个控件，每个控件的 Caption 属性如图 7-8 设置。

e) 在字体框架中建立 Option2 控件数组、在字形框架中建立 Check1 控件数组，方法同上。

② 对每个控件数组编写相应的程序代码。

程序代码如下：

```
Private Sub Option1_Click(Index As Integer)          '控件数组 Option1
  Select Case Index                 '不同的 Index 属性值代表该控件数组中不同的控件
     Case 0
     Text1.FontSize = 20
     Case 1
     Text1.FontSize = 30
     Case 2
     Text1.FontSize = 40
     Case 3
     Text1.FontSize = 45
     Case 4
     Text1.FontSize = 50
  End Select
End Sub
Private Sub Option2_Click(Index As Integer)        '控件数组 Option2
  Select Case Index
     Case 0
     Text1.FontName = "宋体"
     Case 1
     Text1.FontName = "黑体"
     Case 2
     Text1.FontName = "华文行楷"
     Case 3
     Text1.FontName = "华文彩云"
     Case 4
     Text1.FontName = "隶书"
  End Select
End Sub
Private Sub Check1_Click(Index As Integer)        '控件数组 Check1
Select Case Index
     Case 0
     Text1.FontItalic = Not Text1.FontItalic
     Case 1
     Text1.FontUnderline = Not Text1.FontUnderline
  End Select
End Sub
```

【实验 7-10】设计一个简单的计算器，可以用来完成加、减、乘、除等基本运算。

方法分析：

① 设计如图 7-9 所示操作界面。

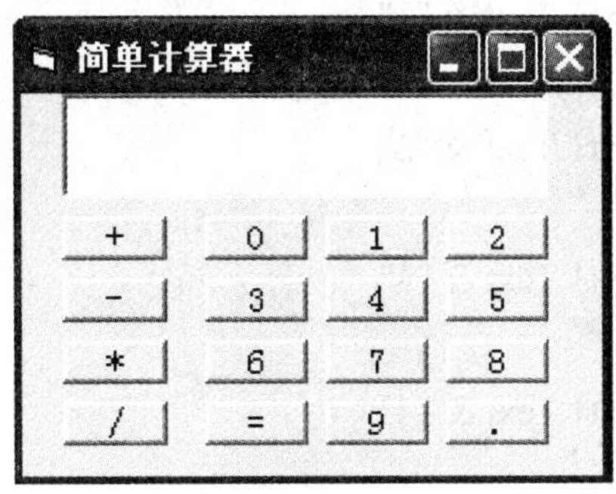

图 7-9

a) 窗体的设置：新建一个窗体，在属性窗口中将其 Caption 属性设置为“简单计算器”。

b) 文本框的设置：窗体上加一文本框（Text1），用来显示用户输入的内容及计算结果，在属性窗口中将其 Text 属性值清空。

c) 添加控件数组 Command1：在窗体上添加一个 Command1 命令按钮，复制后，反复粘贴三次，形成第一个控件数组，将它们移动至左侧第一列，在属性窗口中将每个控件的 Caption 属性设为“+”、“-”、“*”、“/”（它们的 Index 属性值分别为 0 到 3）。

d) 添加控件数组 Command2：在窗体上添加一个 Command2 命令按钮，复制后，反复粘贴九次，形成第二个控件数组（除“=”命令按钮外），将它们排放在窗体的靠右位置，并在属性窗口中分别将各控件的 Caption 属性设为“1”到“9”以及小数点（它们的 Index 属性值分别为 0 到 9）。

e) 窗体上添加一个 Command3 命令按钮，在属性窗口中将其 Caption 属性设为“=”。

② 此界面中共有两组控件数组，分别为 Command1，Command2，每个控件数组中的各控件具有相同的 Name 属性值，每个控件数组中的各控件都是通过其索引值来区分。

③ 分别对每个控件数组和 Command3 命令按钮编写程序代码。

程序代码如下：

```
Dim x, y, z
Dim s As Double        '在窗体的通用声明中用声明窗体级变量 x,y,z,s，x 和 z 中分别存放用户输
                        入的两个操作数，y 中存放用户选定的运算符，s 中存放最终运算的结果
Private Sub Command2_Click(Index As Integer)
  Select Case Index     '通过 Index 属性判断用户点击了该控件数组中的哪一个控件
    Case 0
      If s = 0 Then     '如果 s 中没有运算结果，即表示用户未曾运算过，点此按钮为输入数
                        字 0，否则的话表示已运算完成，点此按钮表清空前一运算结果
        Text1.Text = Text1.Text & "0"
      Else
        Text1.Text = ""
```

```
            End If
        Case 1
            Text1.Text = Text1.Text & "1"
        Case 2
            Text1.Text = Text1.Text & "2"
        Case 3
            Text1.Text = Text1.Text & "3"
        Case 4
            Text1.Text = Text1.Text & "4"
        Case 5
            Text1.Text = Text1.Text & "5"
        Case 6
            Text1.Text = Text1.Text & "6"
        Case 7
            Text1.Text = Text1.Text & "7"
        Case 8
            Text1.Text = Text1.Text & "8"
        Case 9
            Text1.Text = Text1.Text & "9"
        Case 10
            Text1.Text = Text1.Text & "."
    End Select
    x = Val(Text1.Text)                        '将用户输入的操作数放到变量 x 中
End Sub
Private Sub Command1_Click(Index As Integer)   '用户单击 Command1 控件数组中的某个控
                                                件时触发该过程
    Text1.Text = ""            '清空用户输入的操作数
    z = x                      '将刚刚存入到 x 中的操作数存入 z 中
    Select Case Index          '通过 Index 属性判断用户点击了该控件数组中的哪一个控件
        Case 0
            y = "+"
        Case 1
            y = "-"
        Case 2
            y = "*"
        Case 3
            y = "/"
    End Select
```

```
End Sub
Private Sub Command3_Click()              '两个操作数及运算符均输入完成后，开始计算
  If x = 0 Or z = 0 Then Text1.Locked = True    '用来判断两个操作数是否全部输入，如果
                                                均未输入或只输入一个时就进行计算，文
                                                本框无法使用
  Select Case y
    Case "+"
       Text1.Text = z + x
    Case "-"
       Text1.Text = z - x
    Case "*"
       Text1.Text = z * x
    Case "/"
       If x <> 0 Then
         Text1.Text = z / x                   '做除法时先判断除数是否为 0
       Else
         MsgBox ("除数不能为 0")
         Text1.Text = ""
       End If
  End Select
  s = Text1.Text
End Sub
```

7.3　综合练习

一、填空题

1. 设有声明语句如下，则数组 a 中的元素个数为_______，b 中的元素的个数为________。

```
Dim a(30),b(-1 to 10,20)
```

2. 下面程序运行后的结果是_________。

```
Private Sub Form_Click()
  Dim a(1 To 10) As Integer
  Dim i
  For i = 1 To 10
    a(i) = i
    If i Mod 6 = 0 Then
      Print
```

```
        Print a(i);
      Else
        Print a(i);
      End If
    Next i
  End Sub
```

3. 窗体上画一个名称为 Label1 的标签，然后编写下列事件过程，程序运行后，单击窗体，在标签中显示的内容是＿＿＿＿＿＿＿＿＿＿＿。

```
  Private Sub Form_Click()
    Dim a(1 To 10) As String
    Dim i As Integer
    For i = 1 To 10
      a(i) = Chr(96 + i)
      label1.Caption = label1.Caption & a(i)
    Next i
  End Sub
```

4. 下面程序运行后的结果是＿＿＿＿＿＿＿＿。

```
  Private Sub Form_Click()
    Dim a(1 To 10, 1 To 10) As String
    For i = 1 To 10
      For j = 1 To 10
        If i = j Or i = 11 - j Then
          a(i, j) = 1
        Else
          a(i, j) = 0
        End If
      Next j
    Next i
    For i = 1 To 10
      For j = 1 To 10
        Print a(i, j); " ";
      Next j
      Print
    Next i
  End Sub
```

5. 下面程序运行后的结果是＿＿＿＿＿＿＿＿＿＿＿ 。

```
  Private Sub Form_Click()
   Dim a(1 To 3, 1 To 3)
```

```
  For i = 1 To 3
    For j = 1 To 3
      If i = j Then a(i, j) = 1
      If i < j Then a(i, j) = 2
      If i > j Then a(i, j) = 3
    Next j
  Next i
  For i = 1 To 3
    For j = 1 To 3
      Print a(i, j);
    Next j
    Print
  Next i
End Sub
```

6. 下面程序运行后的结果是_________ 。

```
Private Sub Form_Click()
  Dim a
  a = Array("上机", "练习", "程序", "设计")
  For i = LBound(a, 1) To UBound(a, 1)
    If Left(a(i), 1) = "上" Then Print a(i)
  Next i
End Sub
```

7. 下面程序运行后的结果是_________。

```
Option Base 1
Private Sub Form_Click()
  Dim a(10) As Integer, b(5) As Integer
  For i = 1 To 10
    a(i) = 10 - i + 1
  Next i
  For i = 1 To 5
    b(i) = a(2 * i - 1) + a(2 * i)
  Next i
  For i = 1 To 5
    Print b(i);
  Next i
End Sub
```

8. 下面程序运行后的结果是___________。

```
Private Sub Form_Click()
```

```
    Dim a
    a = Array(19, 17, 15, 13, 11, 9, 7, 5, 3, 1)
    For i = 0 To 9
      If a(i) / 3 = a(i) \ 3 Or a(i) / 5 = a(i) \ 5 Then
        Sum = Sum + a(i)
      End If
    Next i
    Print "sum="; Sum
  End Sub
```

9. 下面程序运行后的结果是__________ 。

```
  Option Base 1
  Private Sub Form_Click()
    Dim a() As Integer
    Dim i, j As Integer
    ReDim a(3, 2)
    For i = 1 To 3
      For j = 1 To 2
        a(i, j) = i * 2 + j
        Print "a("; i; ","; j; ")="; a(i, j);
      Next j
      Print
    Next i
    ReDim Preserve a(3, 4)
    For j = 3 To 4
      a(3, j) = j + 9
    Next j
    Print "a(3, 2)="; a(3, 2)
    Print "a(3, 4)="; a(3, 4)
  End Sub
```

二、根据题意要求，将下面的程序补充完整

1. 从键盘任意输入 10 个整数，计算它们的和并输出。

```
  Private Sub Form_Click()
    Dim a(1 To 10), s As Integer
    s = 0
    For i = 1 To 10
      a(i) =________________
      s = ________________
    Next i
```

```
  Print "s="; s
End Sub
```

2. 将数组中的元素依次输出。

```
Private Sub Form_Click()
  Dim a, x
  a = array(34, 2, 90, 110)
  For Each ______In ________
   Print _________
  Next
End Sub
```

3. 找出从键盘输入的 10 个数中最大的一个并输出。

```
Private Sub Form_Click()
  Dim a(1 to 10) As Integer
  For i = 1 To 10
    a(i) =  _____________________
  Next i
  max = a(1)
  For i = 2 To 10
    If  ________________ Then max = a(i)
  Next i
  Print "the max is"; max
End Sub
```

4. 输出一个 3×3 矩阵中值大于各元素平均值的元素。

```
Private Sub Form_Click()
  Dim a(1 To 3, 1 To 3), i, j, s As Integer
  Dim aver As Single
  s = 0
  For i = 1 To 3
    For j = 1 To 3
      ______________ = InputBox("输入元素值")
      s = s + ______________
    Next j
  Next i
  aver =  _______________
  For i = 1 To 3
    For j = 1 To 3
    If  ______________ Then Print a(i, j)
    Next j
```

```
    Next i
  End Sub
```

5. 在(50，200)间产生 10 个随机整数，并将它们按从大到小的顺序输出。

```
Private Sub Form_Click()
  Dim a(1 To 10) As Integer
  Dim i, j As Integer
  For i = 1 To 10
    a(i) = ______________
    Print a(i);
  Next i
  For i = 1 To 9
    For ______________
      If ______________ Then
        t = a(i)
        a(i) = a(j)
        a(j) = t
      End If
    Next j
  Next i
  Print
  For i = 1 To 10
    Print a(i);
  Next i
End Sub
```

6. 下面程序的功能是分别计算给定的 10 个数中正数之和与负数之和，最后输出正数之和与负数之和的绝对值的商。

```
Option Base 1
Private Sub Form_Click()
  Dim a
  Dim s1, s2 As Integer
  a = Array(12, 67, -9, 5, 90, 43, -99, 56, 23, 32)
  s1 = 0: s2 = 0
  For i = 1 To 10
    If a(i) > 0 Then
      s1 = ______________
    Else
      s2 = ______________
    End If
```

```
    Next i
    Print ________________
End Sub
```

三、编程题

1. 编写程序，当用户从键盘输入 10 个整数时，能找出其中最小的值并输出。
2. 编写程序，通过随机函数在(1，100)之间产生 30 个随机整数，求出它们的平均值，并将这 30 个随机整数以每行 5 个数的形式输出。
3. 任意输入一串字母（包括大小写），将它们转变为大写并逆序输出。
4. 编写程序，从键盘输入 10 个整数，找出其中的最大值以及最大值所在的位置。
5. 编写程序，定义一个含有 30 个元素的数组，按顺序分别赋予从 2 开始的偶数，然后按顺序每五个数求一个平均值，放在另一个数组中，最后输出所求的平均值。
6. 从键盘输入 15 个整数，从第五个数开始直到最后一个数据，依次向前移动一个位置，输出移动后的结果。
7. 编写程序，找出任意一个 5×5 矩阵中的最小值。
8. 有一个 n×m 的矩阵，各元素的值由键盘输入，求全部元素的平均值，并输出高于平均值的元素以及它们的行号和列号。
9. 从键盘输入 10 名学生的学号、姓名和考试成绩，当输入某一学生的学号后，如考试成绩高于平均分，即显示该学生的学号、姓名和考试成绩，否则不显示。
10. 设计一个简单的计算器，其中包括加、减、乘、除、乘方、开方、求余数等计算功能。

第 8 章　过　程

8.1　Sub 过程

8.1.1　预备知识

1. 事件过程

当用户对一个对象发出一个动作时，会产生一个事件，然后自动地调用与该事件相关的事件过程。事件过程是在响应事件时执行的代码块（例如我们前面使用过的 Click 等）。事件过程一般由 VB 创建，用户不能增加或删除。缺省时，事件过程是私有的。事件过程是附加在窗体和控件上的。其语法格式为：

```
Private Sub <控件名>_ <事件名> ([ <形参表> ])
    [<语句组 >]
End Sub
```

2. Sub 过程

又称为子过程，VB 把程序按功能分成多个模块，每个模块的代码又分为相互独立的若干程序段，每个程序段完成一个特定的任务，这种程序段称为过程。

过程常被其他事件过程调用，因此称为通用过程。与事件过程不同的是：通用过程必须由其他过程调用，它并不与任何特定的事件直接相联系，它完成特定的任务，通用过程由用户创建。

过程的代码数量相对较小，完成的任务相对单一，因此代码的编写、调试相对整个程序来说要容易，而且过程测试成功后可以被多次调用，用于完成重复的任务或共享任务，还可以在不修改或稍加修改的情况下在另一个 VB 程序中使用。

3. 创建 Sub 过程

① 使用“添加过程”对话框

a) 进入代码编辑窗口；

b) 执行“工具”菜单中的“添加过程”菜单项；

c) 在打开的“添加过程”对话框中的“名称”、“类型”、“范围”等项目后的文本框中添入相应信息；

d) 单击“确定”按钮。

② 在“代码编辑器”窗口中输入

```
[Private|Public][Static] Sub <过程名> ([ <形参表> ])
      [ <语句组> ]
      [Exit Sub]
      [ <语句组> ]
End Sub
```

其中：

- Public 关键字：用来声明全局过程，在应用程序的所有模块中都可以调用。因为 Public 是默认值，所以可以省略。
- Private 关键字：声明模块级过程，只能被本模块中的其他过程访问，不能被其他模块中的过程访问。
- Static 关键字：使该过程中声明的所有过程级变量均为静态的。
- <过程名>：在同一个模块中不得重复。
- ([<形参表>])：代表在调用时要传递给 Sub 过程的参数的变量列表。Sub 过程可以没有参数，也可以有一个或多个形参。当有多个形参时应该用逗号隔开。

4. 调用 Sub 过程

① 使用 Call 语句：Call <过程名> ([实参表])

② 直接使用过程名：<过程名> [实参表]

其中：

- 形参表：用于声明形式参数的名称、个数、位置和类型。
- 实参表：可以包含变量、常量或表达式，各参数之间用逗号分隔。
- 实参表与形参表的参数个数要一致，位置要对应，类型要匹配。

注意：调用 Sub 过程是一个独立的语句，不能写在表达式中。

5. Sub 过程与事件过程的区别

事件过程是 Sub 过程的一种形式，一般是当用户对一个对象发出一个动作时所产生的事件执行的代码。其名称是 VB 规定的组合（例如 Form_Click()）；事件过程是属于窗体和控件的，是私有的，而且事件过程只能存放在窗体中，不能出现在标准模块中。

8.1.2 实验内容

实验目的

- ➢ 掌握 Sub 过程建立。
- ➢ 掌握 Sub 过程的调用。

【实验 8-1】编写 Sub 过程，其功能是输出一个由五行星号组成的等腰三角形，然后在事件过程中调用它。

方法分析：

① 在标准模块中编写 Sub 过程：由于输出的等腰三角形已指定行数和个数，所以在此 Sub 过程中不涉及形参，只编写功能代码即可。

② 等腰三角形的输出：要输出指定行数的等腰三角形，需用到双重循环，即外循环控制三角形的行数，内循环控制三角形中每行星号的个数。

③ 在过程事件中调用该 Sub 过程。

程序代码如下：

在标准模块中建立如下 Sub 过程

```
Sub triangle()          '创建一个无参数的 Sub 过程 triangle
   Dim i, j As Integer
   For i = 1 To 5       '输出的等腰三角形包括 5 行
      Print Tab(16 - i);
      For j = 1 To 2 * i - 1
         Print "*";
      Next j
      Print
   Next i
End Sub        '返回调用它的事件过程
```

在窗体中编写如下事件过程代码

```
Private Sub Form_Click()
  Call triangle          '调用 Sub 过程，程序即转去执行 Sub 中的语句，遇到 End Sub 时，即从
                          Sub 过程返回到该位置继续向下执行后面的语句
End Sub
```

程序运行时，每次在窗体上单击（触发 Form_Click 事件过程），即调用 Sub 过程，窗体上输出一个由 5 行星号组成的等腰三角形。

【实验 8-2】在上题的基础上增加如下功能：输出的等腰三角形的行数是可变的，即由用户指定。

方法分析：

① Sub 过程中形参的确定：在 Sub 过程中输出的等腰三角形的行数不确定，那么行数就是变量，而这一变量的值只能从调用它的主调过程中传送过来，只有 Sub 过程中的形参变量的值就是通过这一途径获得。

② 对于主调过程中实参的要求：Sub 过程中有了形参，在调用它的主调过程中就必须有与形参个数相同、位置对应、类型一致的实参。

③ 在调用 Sub 过程时，将主调过程中的实参值传递给 Sub 过程中的形参。

程序代码如下：

```
Sub triangle(n As Integer)       '创建 Sub 过程 triangle，包含一个整型形参 n，即输出的等腰
                                  三角形中所包含的行数由实参指定
   Dim i, j As Integer
   For i = 1 To n               '输出的等腰三角形包括 n 行
      Print Tab(16 - i);
      For j = 1 To 2 * i - 1
```

```
        Print "*";
      Next j
      Print
    Next i
End Sub                    '返回主调过程
Private Sub Form_Click()
    Dim m As Integer             'm 作为实参，要显式声明，而且要与形参类型一致
    m = Val(InputBox("输入等腰三角形行数"))
    Call triangle(m)             '调用 Sub 过程，此时将实参 m 中的值传递给形参 n,过程执行后返
                                 回到调用它的位置继续向下
End Sub
```

【实验 8-3】编写 Sub 过程，对任意给出的一组数，都能按照从大到小的顺序进行排列并将结果输出。

方法分析：

① Sub 中形参的确定：要对一组数进行排序，要用到双重循环中的两个循环控制变量（i，j）、两个变量交换值时所需借助的中间变量（t）以及要排序的一组数，其中，必须通过主调过程传递值的变量只包括要排序的一组数的个数及具体数值，其他变量只是在 Sub 中使用的普通变量。

② 对一组数的排序方法参见前面例题。

③ 在主调过程中指定实参值并调用 Sub 过程。

程序代码如下：

```
Private Sub exercise(n As Integer, b)      '形参 n 为数组中数组元素的个数，b 是数组的起始
                                           地址
    For i = 0 To n - 2             '利用双重循环对一组数进行排序
      For j = i + 1 To n - 1
        If b(i) < b(j) Then
          t = b(i)
          b(i) = b(j)
          b(j) = t
        End If
      Next j
    Next i
    For i = 0 To n - 1           '将已排好序的结果输出
      Print b(i);
    Next i
End Sub
Private Sub Form_Click()
    Dim a As Variant
```

```
    a = Array(12, 32, 2, 5, 90, 67, 55, 39)
    Call exercise(8, a)          '将数组 a 的起始地址传给形参 b
End Sub
```

【实验 8-4】计算 2！+6！+8！。

方法分析：

① Sub 过程中参数的确定：计算一个整数的阶乘时，需要用到两个变量：一个是存放该数的变量 m，一个是存放计算结果的变量 t，变量 m 符合形参条件，而变量 t 只是过程中的一个普通变量，因此变量 m 作为 Sub 过程中的一个形参。

② 得到 Sub 过程中的结算结果：Sub 过程不返回计算结果，而在主调过程中必须要得到调用 Sub 过程的计算结果，此时，只能在 Sub 过程中多设置一个形参 total，因为在默认情况下，形参与主调过程的实参共用了内存单元，如果在被调过程中改变了形参的值，同时也改变了主调过程中实际参数的值。

③ 注意主调过程中实参与 Sub 过程中形参的对应关系。

程序代码如下：

```
Sub fact(m As Integer, total As Long)
   Dim I As Integer
   total = 1
   For I = 1 To m
      total = total * I
   Next I
End Sub
Private Sub Form_Click()
   Dim a As Integer
   Dim b As Integer
   Dim c As Integer
   Dim s, tot As Long
   a = 2: b = 6: c = 8
   Call fact(a, tot)
   s = tot
   Call fact(b, tot)
   s = s + tot
   Call fact(c, tot)
   s = s + tot
   Print a; "!+"; b; "!+"; c; "!="; s
End Sub
```

程序的运行结果为：

2！+6！+8！=41042

8.2　函数过程

8.2.1　预备知识

1. 函数过程

函数是通用过程的另一种形式，它除了具备 Sub 过程的功能和用法外，主要目的是为了进行计算并返回一个结果值。用户在编写程序时，只需写出一个函数名并给定参数就能得出函数值。

2. 声明函数过程

```
[Private/Public][Static]Function <函数名>(形参表)[As <类型>]
     语句序列
     [ Exit Function ]
     [<函数名>=<表达式>]
 End Function
```

注意：

- 不能在另外的函数过程、Sub 过程或 Property 过程中定义函数过程。
- Exit Function 语句使执行立即从一个函数过程中退出，程序接着从调用该函数过程语句后的语句执行。在函数过程任何位置都可有 Exit Function 语句。
- 要从函数返回一个值，只需要将该值赋给函数名。
- 函数名在函数体中与形参一样可以被看作是一个过程级变量，所以函数名不能与形参和过程级变量重名。

3. 调用函数过程

调用自定义函数过程与调用内部函数的方法一样，即在表达式中写上函数过程的名字，并给出相应的实参。

8.2.2　实验内容

实验目的

➢ 掌握 Function 函数的定义与调用。

➢ 掌握 Function 函数过程与 Sub 子过程的区别。

【实验 8-5】编写一个函数过程，用来判断输入数字的奇偶性，并调用该函数，计算出任意输入的 10 个数中偶数的和。

方法分析：

① 函数参数的确定：函数的功能只是判断任意的一个整数的奇偶性，然后把判断结果返回即完成，因此函数中只涉及一个变量，即要被判断奇偶性的，而该变量的值只

能从主调过程中得到，因此可以作为形参；

② 题目中要求在主调过程中任意输入 10 个数，并分别判断它们的奇偶性，因此配合循环，分别调用 10 个函数过程来对每一个数进行奇偶判断；

③ 注意：函数结束前，一定要返回计算结果。

程序代码如下：

```
Public Function parity(number As Integer)
    If number / 2 = Int(number / 2) Then
        parity = 0
    Else
        parity = 1
    End If
End Function
Private Sub Form_Click()
    Dim x As Integer
    Dim i, s As Integer
    For i = 1 To 10
        x = InputBox("任意输入一个整数")
        If parity(x) = 0 Then
            s = s + x
        End If
    Next i
    Print "偶数和为："; s
End Sub
```

【实验 8-6】编写一个判断闰年的函数过程。

方法分析：

① 确定是否是闰年的条件：只要年份能被 4 和 100 同时整除或能被 400 整除。

② 找出函数过程中的形参：该函数过程中，只涉及一个要判断是否是闰年的年份，而年份是多少只能从调用它的主调过程中传送过来，因此年份作为形参。

程序代码如下：

在标准模块中建立如下函数过程

```
Public Function leapyear(x As Integer)
 If ((x Mod 4 = 0 And x Mod 100 = 0) Or (x Mod 400 = 0)) Then       '判断闰年的条件
     leapyear = x & "是闰年"
 Else
     leapyear = x & "不是闰年"
 End If
End Function
```

在窗体中编写如下事件过程

```
Private Sub Form_Click()
  Dim a As Integer
  a = Val(InputBox("输入一年份"))
  Print leapyear(a)
End Sub
```

【实验 8-7】编写函数，求 1!+2!+3!+…+k! 其中 k 是小于 9 的数，要求调用求阶乘函数求出各阶乘的值。

方法分析：

① 求阶乘函数中形参的确定：求阶乘时，只涉及到两个变量，一个变量 n 存放要计算阶乘的数，一个变量 t 存放计算结果，这两个变量中只有 n 符合形参的条件。

② 求阶乘和函数中形参的确定：求阶乘和时，同样涉及到两个变量，一个变量 m 存放要计算阶乘和的数，一个变量 s 存放计算结果，这两个变量中只有 m 符合形参的条件。

③ 注意：可以在一个函数中调用其他的函数，但绝不能在一个函数中再定义函数。

④ 根据题目要求编写程序代码。

程序代码如下：

求阶乘函数代码如下：

```
Public Function fac(n As Integer)
  Dim t As Long
  t = 1
  For i = 1 To n
    t = t * i
  Next i
  fac = t
End Function
```

求阶乘和函数代码如下：

```
Public Function fac_sum(m As Integer)
  Dim i As Integer
  Dim s As Long
  For i = 1 To m
    s = s + fac(i)    '在一个函数中可以调用另一个函数
  Next i
  fac_sum = s
End Function
```

主调过程代码如下：

```
Private Sub Form_Click()
  Dim i As Integer
  Dim s As Long
  s = fac_sum(5)
```

```
    Print "1 到 5 的阶乘和为："; s
End Sub
```

8.3 向过程传递参数

8.3.1 预备知识

1. 形式参数与实际参数

① 形式参数

简称形参。在 Sub 过程或函数过程的定义中出现的变量名，是接收传送给过程值的变量。

形参表中的各个变量之间用逗号分隔，形参表中的变量可以是：

a) 后面跟有左、右圆括号的数组名；

b) 除定长字符串之外的合法变量名。

② 实际参数

简称实参。调用通用过程时，传送给 Sub 过程或函数过程的常量、变量或表达式。

③ 实参与形参的关系：

- 在定义过程时，形参为实参保留位置；
- 在调用过程时，各个形参顺次接收各个实参的值；
- <实参表>和<形参表>中对应的变量名不必相同，但是变量的个数必须相等，而且各实参的书写顺序必须与相应形参一致。

2. 按值传递与按地址传递

① 按值传递参数

在声明过程中，形参前加关键字“ByVal”。

主调过程的实参与被调用过程的形参各有自己的存储单元，调用过程时主调过程的实参值被复制到被调用过程的形参存储单元中，以后被调用过程形参的值与主调函数的实参的值不再有任何联系。

② 按地址传递参数

在声明过程中，形参前加关键字“ByRef”，默认方式。

过程被调用时，传递给该形参的是主调过程中相应实参的地址。也就是说，被调用过程的形参与主调过程的实参共用了内存单元。如果在被调过程中改变了形参的值，同时也改变了主调过程中实际参数的值。

3. 使用参数

① 使用可选的参数

在过程的形参表中列入 Optional 关键字，指定过程的形参为可选，并且可选参数必须是变体类型。如果指定了可选参数，则参数表中其后的其他参数也必须是可选的，并且每个参数都要用 Optional 关键字来声明。

② 提供可选参数的缺省值

给可选参数指定缺省值。

③ 使用不定数量的参数

可用 ParamArray 关键字指明，过程将接受任意个数的参数，而且形参中可变参数必须是一个省略维数说明的数组。

8.3.2 实验内容

实验目的

- 掌握参数的传递。
- 可选参数、可变参数和对象参数的使用与区别。

【实验 8-8】编写 Sub 过程，对从键盘输入的三个数按从小到大的顺序输出。

方法分析：

① Sub 过程中三个数排列大小顺序：分别将每两个数进行比较，如果前一个变量的值比后一个变量的值大，则利用中间变量使它们的值交换。

② Sub 过程中形参的确定：过程中共涉及 4 个变量（三个等待排序的变量 a、b、c 和交换变量值时需要的中间变量 t），变量 a、b、c 的值只能从主调过程中由实参传送过来，因此可以作为形参，而变量 t 只是在交换变量值时作为中间变量的，不符合形参的条件，只作为普通变量。

③ Sub 过程中的形参分别按地址传递和值传递两种形式，在主调过程中分别调用两种形式，比较输出结果。

程序代码如下：

Sub 过程中形参为按地址传递：

```
Public Sub sort1(ByRef a As Single, ByRef b As Single, ByRef c As Single)
    Dim t As Single
    If a > b Then
        t = a       '实现两个变量值的交换
        a = b
        b = t
    End If
    If a > c Then
        t = a
        a = c
        c = t
    End If
    If b > c Then
        t = b
```

```
        b = c
        c = t
    End If
End Sub          '返回到主调过程，但此时形参值的变化也改变了实参值
```

Sub 过程中形参为按值传递：

```
Public Sub sort2(ByVal a As Single, ByVal b As Single, ByVal c As Single)
    Dim t As Single
    If a > b Then
        t = a       '实现两个变量值的交换
        a = b
        b = t
    End If
    If a > c Then
        t = a
        a = c
        c = t
    End If
    If b > c Then
        t = b
        b = c
        c = t
    End If
End Sub          '返回到主调过程，但此时形参值的变化对实参值并未产生影响
Private Sub Form_Click()
    Dim x As Single, y As Single, z As Single
    x = InputBox("输入第一个数的值")
    y = InputBox("输入第二个数的值")
    z = InputBox("输入第三个数的值")
    Call sort1(x, y, z)
    Print "三个数从小到大的顺序输出："; x; y; z
    Call sort2(x, y, z)
    Print "三个数从小到大的顺序输出："; x; y; z
End Sub
```

运行此程序，比较输出结果。

【实验 8-9】编写函数过程，可以根据用户输入的参数个数计算圆面积或圆柱体的体积。

方法分析：

① 函数过程中形参及形参个数的确定：计算圆面积或圆柱体体积时，只涉及到圆半径 r 和圆柱体高 h 两个变量，而且它们的值均要由主调过程传送过来，所以都应作为形

参。题目中并未指定要计算哪一个的值，无论是计算圆面积或圆柱体的体积都必须要使用变量 r，而只有计算圆柱体体积时才用到变量 h，因此 h 可以作为可选参数。

② 因为函数过程中有可选参数，所以必须利用 IsMissing()函数测试可选参数的实参是否存在，如果不存在，说明要求计算圆面积，如要存在，说明要求计算圆柱体体积。

程序代码如下：

```
Public Function choice(r As Single, Optional h As Variant)      'h 为可选参数
  If IsMissing(h) Then          'IsMissing(h)用来测试可选参数的实参是否存在
      choice = 3.1415926 * r ^ 2          '如果 h 不存在，则计算圆面积
  Else
     choice = 3.1415926 * r ^ 2 * h          '如果 h 存在，则计算圆柱体的体积
  End If
End Function
Private Sub Form_Click()
  Dim r As Single, h As Variant
  r = Val(InputBox("输入圆的半径值"))
  h = Val(InputBox("输入圆柱体的高"))
  Print "圆的面积为："; choice(r)
  Print "圆柱体的体积为："; choice(r, h)
End Sub
```

8.4 综合练习

一、填空题

1. 下面程序运行后的结果是____________。

```
Private Sub exercise(a As Integer)
 a = 1 + 2 * a
End Sub
Private Sub Form_Click()
  Dim i As Integer, m As Integer
  For i = 5 To 3 Step -1
    exercise i
    m = m + i
    If i > 5 Then Exit For
  Next i
  Print m
End Sub
```

2. 下面程序运行后的结果是__________。

```
Private Sub exercise(x As Integer, y As Integer)
    x = x + y
    y = y + x
    Print "x="; x; "y="; y
End Sub
Private Sub Form_Click()
    Dim a As Integer, b As Integer
    a = 3
    b = 2
    Print "a="; a; "b="; b
    Call exercise(a, b)
    Print "a="; a; "b="; b
End Sub
```

3. 下面程序运行后的结果是__________。

```
Private Sub exercise(byval x As Integer, byval y As Integer)
    x = x + y
    y = y + x
    Print "x="; x; "y="; y
End Sub
Private Sub Form_Click()
    Dim a As Integer, b As Integer
    a = 3
    b = 2
    Print "a="; a; "b="; b
    Call exercise(a, b)
    Print "a="; a; "b="; b
End Sub
```

4. 当用户输入 2 时程序的运行结果是__________。

```
Private Function cir(r As Single)
    Const pi = 3.1415926
    cir = pi * r ^ 2
End Function
Private Sub Form_Click()
    Dim r As Single
    r = Val(InputBox("输入圆半径"))
    If r <= 0 Then
        MsgBox "半径值无效"
```

```
    Else
      Print "圆面积为:"; cir(r)
    End If
  End Sub
```

5. 下面程序运行后的结果是____________。

```
  Private Sub sort1(a As Single, b As Single, c As Single, max As Single, min As Single)
    If a < b Then
      t = a
      a = b
      b = t
    End If
    If a < c Then
      t = a
      a = c
      c = t
    End If
    If b < c Then
      t = c
      c = b
      b = t
    End If
    max = a
    min = c
  End Sub
  Private Sub Form_Click()
    Dim a As Single, b As Single, c As Single, max As Single, min As Single
    a = 3
    b = 6
    c = 23
    sort1 a, b, c, max, min
    Print "a="; a; "b="; b; "c="; c; "max="; max; "min="; min
  End Sub
```

6. 在窗体上画一个名为 Text1 的文本框，一个名为 Command1 的命令按钮，然后编写如下事件过程和通用过程：

```
Private Sub Command1_Click()
  n = Val(Text1.Text)
  If n \ 2 = n / 2 Then
    f = f1(n)
```

```
    Else
        f = f1(n)
    End If
    Print f; n
End Sub
Public Function f1(ByRef x)
    x = x * x
    f1 = x + x
End Function
```

程序运行后，在文本框中输入 6，然后单击命令按钮，程序运行的结果是________。

7. 在窗体上画一个名为 Command1 的命令按钮，然后编写如下事件过程：

```
Private Sub Command1_Click()
    Static x As Integer
    Cls
    For i = 1 To 2
        y = y + x
        x = x + 2
    Next i
    Print x, y
End Sub
```

程序运后，连续三次单击 Command1 按钮后，窗体上显示的是__________。

二、将下面的程序补充完整

1. 以下是一个计算矩形面积的程序，调用过程计算矩形面积。

```
Private Sub Command1_Click()
    Dim m As Single
    Dim n As Single
    m = Val(InputBox("输入矩形的长"))
    ______________________
    Call __________
End Sub
Sub area(l As Single, w As Single)
    Dim s As Double
    s = l * w
    MsgBox "矩形面积为：" & Str(s)
End Sub
```

2. 编写函数过程，计算给定正整数序列中奇数和 s1 与偶数和 s2，最后输出 s1 平方根与 s2 平方根的乘积。

```
Private Function exercise(b)
```

```
    Dim s1, s2 As Integer
    s1 = 0: s2 = 0
    For Each x In b
        If x Mod 2 <> 0 Then
            s1 = ________
        Else
            s2 = ________
        End If
    Next
    exercise = ________
End Function
Private Sub Form_Click()
    Dim a As Variant
    a = Array(12, 32, 2, 5, 90, 67, 55, 39)
    Print ________
End Sub
```

3. 编写 Sub 过程，输出如下三角形：

```
1
11    12
21    22    23
31    32    33    34
```

```
Private Sub triangle()
    Dim i, j, a As Integer
    For i = 1 To 4      '三角形中共包含四行
        For j = ________      '每行中数字的个数
            a = ________      '表达式的变化恰好反应出每行数字的变化规律
            Print Tab((j - 1) * 5 + 1); a;
        Next j
        Print
    Next i
End Sub
Private Sub Form_Click()
Call ________
End Sub
```

4. 已知按升序排好的 10 个数存放在数组 A 中，最后一个数据 0 是结束标志，由键盘输入一个数，插入到一个适当的位置，使该数组仍为有序，然后打印出数组中的数据。

```
Option Base 1
Private Sub sort2(a, n As Integer)   'a 为变体类型数组，n 为待插入的数
```

```
    Dim i, m As Integer      'm 用来记录待插入的数应插入的位置
    For i = 1 To 10
      If ____________ Then
        m = i
        Exit For
      End If
    Next i
    For ______________
    a(i + 1) = a(i)
    Next i
    a(m) = n
    For ______________
    Print a(i)
    Next i
  End Sub
  Private Sub Form_Click()
    Dim a As Variant
    Dim n As Integer
    a = Array(2, 34, 38, 46, 48, 51, 57, 78, 81, 90, 0)
    n = Val(InputBox("输入待插入的数"))
    Call ____________
  End Sub
```

三、编程题

1. 编写计算任意数的立方的函数过程。
2. 编写一个函数过程，以整型数作为形参，当该参数为奇数时输出 False，该参数为偶数时输出 True。
3. 分别编写计算任意数的阶乘的子过程和函数过程，然后分别调用子过程和函数过程计算 3 到 10 的阶乘之和。
4. 编写产生随机整数函数过程，然后产生 30 个 1 到 100 间的随机数。
5. 编写判断某数是否能同时被 17 和 37 整除的函数过程，并输出 1000～2000 之间所有能同时被 17 与 37 整除的数。
6. 编写求解一元二次方程 $ax^2+bx+c=0$ 的函数过程，要求 a，b，c 及解 x1，x2 都以参数传递的方式与主程序交换数据，输入 a，b，c 和输出 x1，x2 的操作放在主程序中。
7. 编写 Sub 过程，求出任意给定数的最大公约数。

第 9 章　变量与过程的作用域

9.1　变量的作用范围、生存周期

9.1.1　预备知识

1. 变量的作用范围

变量的作用范围指变量能被某一过程识别的范围。作用范围有局部变量和全局变量。

① 过程级变量（局部变量）

局部变量是指在过程内用 Dim 或 Static 语句声明的变量，或不加声明直接使用的变量，它只能在本过程中使用，其他过程不可访问。例如：

```
Private Sub Form_Click()
   Dim x As Integer
   Static y As Integer
End Sub
```

变量 x,y 的有效范围只限于 Form_Click 过程内部，在此过程外，它们即为无效的。

② 窗体/模块级变量

窗体/模块级变量是指在通用声明段中用 Private 或 Dim 语句声明的变量（使用 Private 会提高代码可读性），可被本窗体/模块中的任何过程访问。

例如：在窗体 Form1 的通用声明段中声明如下变量：

```
Private x As String
Dim y As Integer
```

变量 x，y 在窗体 Form1 的任何过程中都可以过程中都可以有效地访问。

③ 全局变量

全局变量是指只能在标准模块的通用声明段中用 Public 语句声明，可被应用程序的任何过程或函数访问。全局变量的值在整个应用程序中始终不会消失和被重新初始化，只有当整个应用程序执行结束时才消失。

2. 变量的生存周期

变量的作用范围是针对变量的作用空间而言的，而变量的生存期则是针对变量的作用时间来讲的。根据变量在程序运行期间的生命周期，变量可分为动态变量和静态变量。

① 动态变量

Dim 语句在过程中声明的局部变量属动态变量，程序运行进入该变量所在的过程时，才分配该变量的内存单元，退出该过程后，该变量占用的内存单元自动释放，其值消失，其内存单元能被其他变量使用。

例如：

```
Private Sub Command1_Click()
  Dim x As Integer
  x = x + 2
  Print "x="; x
End Sub
```

变量 x 属于动态变量，在过程执行结束后，其值不被保留，每次执行该过程，变量 x 都被重新初始化，输出的结果永远是 2。

② 静态变量

用 Static 语句在过程中声明的局部变量属于静态变量。程序运行进入该变量所在的过程中，修改变量的值后，退出该过程，其值仍被保留，即变量所占内存单元没有释放。再次进入该过程，变量仍保持上次退出时的值。

例如：

```
Private Sub Command1_Click()
  Static x As Integer
  x = x + 2
  Print "x="; x
End Sub
```

当第一次执行该过程，Static 将变量 x 进行初始化，执行结果为 2，当再一次执行该过程，由于变量 x 的值仍被保留，在此基础上加 2，输出结果为 4。

3. Shell 函数

在 VB 中执行一个可执行文件，如果成功，返回代表该程序的任务 ID，若不成功，则会返回 0。

Shell(PathName[,WindowStyle])

9.1.2 实验内容

实验目的

- 掌握变量的作用域。
- 学会使用 Shell 函数。

【实验 9-1】通过程序运行结果验证局部变量与模块级变量的生存周期。

在 Form1 窗体中添加两个命令按钮 C ommand1 和 Command2，然后编写如下代码。

程序代码如下：

在标准模块中声明如下变量：

```
Public m As Integer         '变量 m 为全局变量，在整个应用程序中都能使用
```

在 Form1 窗体的通用声明中声明如下变量：

```
Dim a, b As Integer         '变量 a,b 为窗体级变量，能在 Form1 窗体内的任何过程中使用
Private Sub Command1_Click()
  Dim x As Integer          '变量 x 为动态局部变量，只在该过程中有效，该过程结束时，变
                            量 x 所占空间即释放
  Static y As Integer       '变量 y 为静态局部变量，只在该过程中有效，该过程结束时，变
                            量 y 中的值继续保留
  a = 10   :  b = 5
  m = a – b
  x = x + 1   :  y = y + 1
  Print "a="; a
  Print "b="; b
  Print "x="; x
  Print "y="; y
End Sub
Private Sub Command2_Click()
  a = a + b    :  b = b + a
  Print "a="; a
  Print "b="; b
  Print "x="; x
  Print "y="; y
  Print "m="; m
End Sub
```

在 Form2 窗体中有如下代码：

```
Private Sub Form_Click()
  Print "a="; a   :  Print "b="; b
  Print "x="; x   :  Print "y="; y
  Print "m="; m
End Sub
```

运行程序，分别执行各段代码，比较不同变量值的变化。

【实验 9-2】编写一段密码检验程序，程序开始时先要求用户输入密码，共有三次机会，用户无论哪一次输入的密码正确，即向下继续，如果三次均输入错误，程序结束。

方法分析：

① 根据题目要求，设计如图 9-1 所示界面。

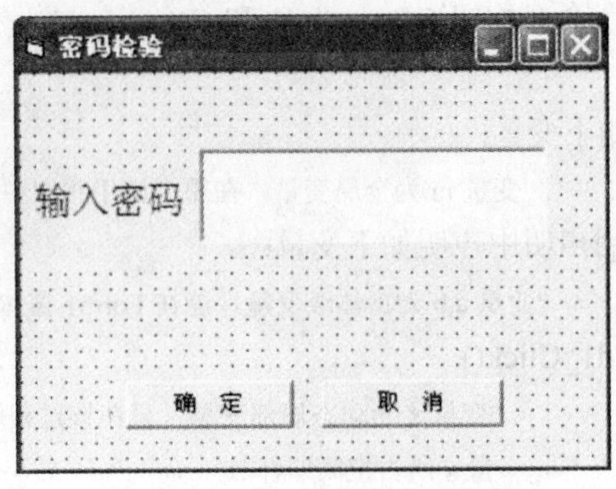

图 9-1

a) 在属性窗口中将窗体 Form1 的 Caption 属性设置为“密码检验”；

b) 在窗体上添加一个标签，其 Caption 属性设置为“输入密码”；

c) 在窗体上添加一文本框，将其 Text 属性清空，并设置 Passwordchar 属性值为“*”；

d) 在窗体上添加命令按钮 Command1 和 Command2，并分别将它们的 Caption 属性设置成“确定”和“取消”；

② 变量生存周期的确定：用户共有三次机会向文本框中输入密码，这就需要有一个变量 i 来记录用户输入密码的次数，每次输入后应点击“确定”按钮，如果密码错误要重新输入，同时变量 i 的值应该累加 1，当用户再次输入密码错误时，变量 i 中的值应在前面的基础上继续累加，只有局部静态变量才能在过程结束后还能保留变量中的值，因此定义变量 i 为局部静态变量；

③ 根据题目要求编写程序代码。

程序代码如下：

```
Private Sub Command1_Click()
  Static i   As Integer        '变量 i 为静态局部变量，用来记录输入密码次数
  i = i + 1
  If Text1.Text = "123456" Then
    MsgBox ("欢迎使用")
    Form1.Hide                'Form1 隐藏，Form2 显示
    Form2.Show
  Else
    If i < 3 Then
      MsgBox ("密码错误，重新输入")
      Text1.Text = ""          '输入密码错误时，清空文本框
      Text1.SetFocus           '将焦点置于文本框中
    Else
      End                      '程序结束
    End If
```

```
    End If
End Sub
```

【**实验 9-3**】编写程序，完成如图 9-2 所示界面中的功能。

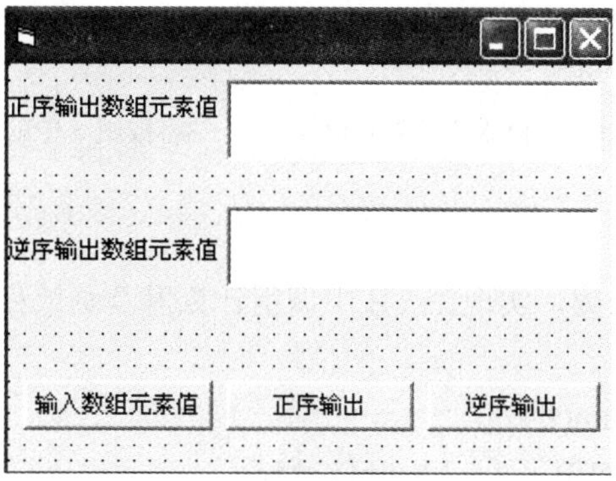

图 9-2

方法分析：

① 窗体界面设计：

a)　在窗体中添加标签 Label1 和 Label2，在属性窗口中分别将它们的 Caption 属性设置为“正序输出数组元素值”和“逆序输出数组元素值”；

b)　在窗体中添加文本框 Text1 和 Text2，在属性窗口中分别将它们的 Text 属性清空。

c)　在窗体中添加命令按钮 Command1、Command2 和 Command3，在属性窗口中分别将它们的 Caption 属性设置为“输入数组元素值”、“正序输出”和“逆序输出”；

② 根据题目要求，在三个命令按钮上要完成三种操作，即编写三段事件过程，因为在每一个事件过程中都要用到同一数组，所以该数组必须定义为窗体级的。

③ 根据题目要求，分别编写三段代码。

程序代码如下：

在窗体的通用声明中声明数组：

```
Dim a(1 To 5) As Integer
                                    '数组 a 为窗体级变量，可以被该窗体中的任何过程使用
Private Sub Command1_Click()
   Dim i As Integer              '变量 i 为动态局部变量
   For i = 1 To 5
      a(i) = Val(InputBox("输入数组元素值"))   '在此过程中为数组 a 中的各元素赋值
   Next i
End Sub
Private Sub Command2_Click()
   Dim i As Integer
   For i = 1 To 5
      Text1.Text = Text1.Text & "    " & a(i)        '将数组 a 中的元素顺序输出到文本框
```

```
    Next i
End Sub
Private Sub Command3_Click()
    Dim i As Integer
    For i = 5 To 1 Step -1
        Text2.Text = Text2.Text & "    " & a(i)        '将数组 a 中的元素逆序输出到文本框
    Next i
End Sub
```

【实验 9-4】利用 Shell 函数，实现在 VB 中调用计算器及画笔程序。

程序代码如下：

```
Private Function retnum()
    nl = Chr(13) + Chr(10)          '表示回车换行
    msg = "1.运行计算器" + nl + "2.运行画笔" + nl + "3.结束程序运行"
    msg = msg + nl + + nl + "请输入数字选择"
    retnum = Val(InputBox(msg))
End Function

Private Sub Form_Click()
    r = retnum()
    If r = 1 Then
        x = Shell("C:\WINDOWS\system32\calc.exe", 1)        '运行计算器程序
    ElseIf r = 2 Then
        y = Shell("C:\WINDOWS\system32\mspaint.exe", 1)     '运行画笔程序
    Else
        End
    End If
End Sub
```

程序运行界面如图 9-3 所示：

图 9-3

当用户输入其中的某一数字后，即执行相应的功能。

9.2　命令按钮控件

9.2.1　预备知识

1. 命令按钮基本属性（表 9-1）

表 9-1　命令按钮控件的基本属性

属　性	属性说明
Name	名称属性，用于设置命令按钮的名称
Caption	设置命令按钮上的文字，可以用字母前加一个“&”符号的方法定义一个键盘热键，用户就按下“Alt+字母”可以激活并操作该命令按钮
Style	设置命令按钮的外观风格
Picture	设置按钮中要显示的图形，前提是 Style 属性为 1 时才可装入一图形
Default	当值为 Ture 时表示当前按钮为默认按钮，按下回车键就相当于按下此按钮。在一个窗体中只能有一个按钮的 Default 属性值为 True
Cancel	当值为 True 时，按下 ESC 键就相当于按下此按钮，默认值为 False. 在一个窗体中只能有一个按钮的 Cancel 属性值为 True
Visible	决定命令按钮是否可见，当值为 True 值可见
Enable	决定该按钮是否可用
ToolTipText	设置当鼠标在按钮上暂停时所显示的文本

2. 命令按钮的常用事件（表 9-2）

表 9-2　命令按钮常用事件

事件名称	触发条件	调用事件过程
Click	鼠标单击命令按钮	命令按钮名_Click()
GotFocus	命令按钮获得焦点	命令按钮名_ GotFocus()
LostFocus	命令按钮失去焦点	命令按钮名_ LostFocus()

3. 命令的按钮的常用方法（表 9-3）

表 9-3　命令按钮常用方法

名　称	功　能	语　法
SetFocus	使命令按获得焦点，当按下<Enter>回车键，就会执行该命令按钮的 Click 事件。	命令按钮名. SetFocus

9.2.2 实验内容

实验目的

- ➢ 掌握命令按钮控件的属性设置方法及各属性功能。
- ➢ 掌握命令按钮的常用事件。
- ➢ 掌握命令按钮的常用方法。

【实验 9-5】创建一个工程，包含两个窗体，窗体 Form1 中包含 2 个命令按钮（“切换”与“结束”）。装载窗体 Form1 后，要求“结束”按钮暂时为不可用；当单击“切换”时，将窗体 Form1 隐藏，窗体 Form2 显示，并在窗体 Form2 中显示“到第二页喽!”；当单击“结束”时中止程序的执行。窗体 Form2 包含一个命令按钮“显示”，当单击“显示”按钮时，隐藏窗体 Form2，显示窗体 Form1，将窗体 Form1 中的“结束”按钮设置为可用的，并在窗体 Form1 中输出“我回来喽!”。

方法分析：

① 由于工程包含 2 个窗体，而系统默认包含一个窗体，因此需要先添加一个窗体，单击“工程”菜单中的“添加窗体”，在出现的对话框中选择“新建”标签，单击“打开”按钮即可添加一个窗体。

② 要求装载 Form1 时 “结束”按钮是不可用的，因此，需要在 Form1 的 Load 事件中设置此按钮的 Enable 属性为 False。

③ 在 Form1 中，单击“切换”按钮，触发了命令按钮的 Click 事件过程，在此事件过程用 Hide 方法可隐藏 Form1，用 Show 方法显示 Form2，并用 Print 方法在 Form2 中显示规定字符。

④ 在 Form1 中，单击“结束”按钮，在所触发的相应的 Click 事件过程中可使用语句 End 来结束程序的运行。

⑤ 在窗体 Form2 中单击“显示”按钮，在其触的 Click 事件过程中首先设置 Form1 中“结束”按钮的 Enable 属性为 True（表示此按钮是可用的），再用上述同样方法隐藏 Form2，显示 Form1，并用 Print 方法显示规定字符。

具体步骤如下：

① 进入 VB 集成环境，在窗体 Form1 中添加 2 个命令按钮。

② 添加一个窗体 Form2，在 Form2 中添加 1 个命令按钮。

③ 设置窗体及各控件属性。

2 个窗体中所包含的控件属性按表 9-4 设置。设置后的界面如图 9-4 和图 9-5 所示。

表 9-4　各对象属性设置表

对　象		属　性	设置属性值
Form1	Command1	Caption	切换
	Command2	Caption	结束
	Form1	Caption	第一页
Form2	Command1	Caption	显示
	Form2	Caption	第二页

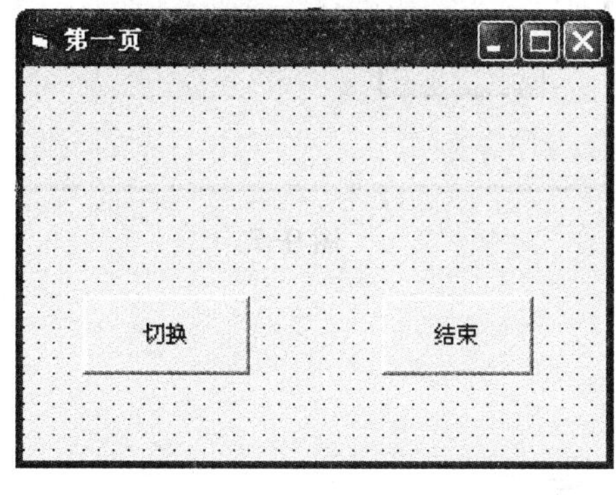

图 9-4

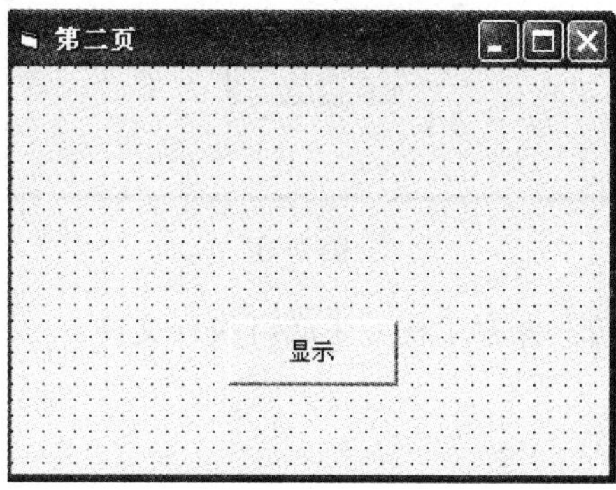

图 9-5

④ 编写代码

在窗体 Form1 的代码窗口中编写的程序代码如下：

```
Private Sub Form_Load()              '装载窗体程序
    Command2.Enabled = False         '将 Command2 暂时设定为不可用
End Sub
Private Sub Command1_Click()         '切换按钮
    Form1.Hide                       '将 Form2 隐藏
    Form2.Show                       '将 Form1 显示
    Form2.Print  "到第二页喽！"       '在 Form2 中输出信息
End Sub
Private Sub Command2_Click()         '结束按钮
    End                              'End 的作用是强制中止程序的执行
End Sub
```

在窗体 Form2 的代码窗口中就编写如下代码：

```
Private Sub Command1_Click()          '显示按钮
    Form1.Show
    Form2.Hide
    Form1.Print "我回来喽！"           '在 Form1 中输出字符
    Form1.Command2.Enabled = True     '设置 Form1 中"结束"按钮是可用的
End Sub
```

⑤ 运行并调试程序

按 F5 运行程序，当单击 Form1 中的“切换”按钮后，出现的界面如图 9-6 所示；单击 Form2 中的“显示”按钮后，出现的界面如图 9-7 所示。

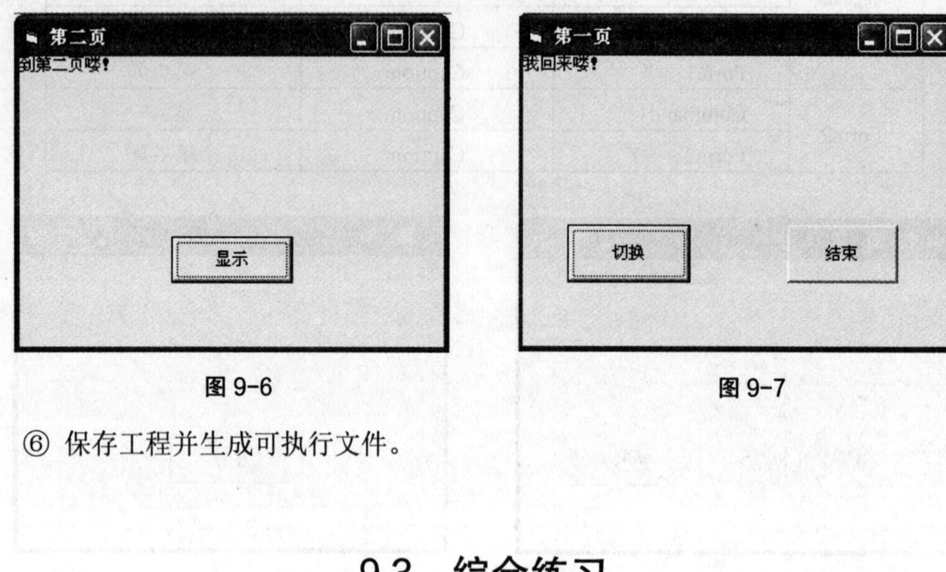

图 9-6　　图 9-7

⑥ 保存工程并生成可执行文件。

9.3 综合练习

1. 在标准模块中编写计算 x 的 y 次幂的函数过程，然后在窗体模块中调用它。
2. 设计简单计算器，能够进行加、减、乘、除、乘方等运算。

第 10 章　用户定义类型枚举类型

10.1　用户定义类型

10.1.1　预备知识

1. 用户定义类型的概念

① 记录

由多个数据项目组成，但每一个数据项目却可以具有不同的数据类型。记录与数组都由多个数据项组成，数组中每个元素必须同数据类型；记录中每个数据项可以不同数据类型。

② 字段

同一名称下的一列数据项目，具有相同的数据类型。

③ 字段名

一列数据项目的名称（如表 10-1 中的姓名、性别、语文、数学、计算机）。

表 10-1　示例

字段

姓名	性别	语文	数学	计算机
孙丽	女	78	80	90
王雪	女	90	85	65
李明	男	60	66	80

记录

2. 建立用户定义类型

有时需要处理的数据项可能并不是孤立的，而是由两个或两个以上的基本项所组成的组合项（如上表中的一个记录中，各项信息合在一起才能表示出一个人的完整信息），所以用户就希望将不同类型的数据组合成一个有机的整体（即将一个记录作为一个整体来处理），这样一个整体是由若干不同类型的，互相有联系的数据项组成，在我们学过的数据类型中无法用某一种数据类型表示这样的一个整体，因此用户可以用 Type 语句来定义自己的数据类型，其语法格式为：

```
Type   <用户类型名>
       [ <字段名 1> As <类型名 1>]
       [ <字段名 2> As <类型名 2>]
            …
       [ <字段名 n> As <类型名 n>]
End Type
```

其中：

- 类型名：是用户定义的数据类型名，而不是变量，其命名规则与变量名的命名规则相同。
- 字段名：是用户定义数据类型中的一个数据项名，不能用数组名作为字段名。
- 类型：可以是任何基本数据类型，也可以是用户定义数据类型。

请注意以下几点：

- 利用 Type 定义的用户定义类型，与前面学过的 Integer、Single 一样，都是一种数据类型，可以把某些变量定义为该类型。
- 用户定义类型中的元素可以是字符串。
- 用户定义类型在标准模块中定义，其变量可以出现在工程的任何地方。
- 在用户定义类型中不能含有数组。

3. 建立和使用用户定义类型变量

用户定义类型定义完成后，和使用其他数据类型一样，需要使用 Dim、ReDim、Static 建立具有这种数据类型的变量。

```
Type student        '定义一个名为 xs 的数据类型
  name As String * 6    ⎫
  sex As String * 2     ⎪
  chinese As Integer    ⎬ Xs 类型中包含的元素
  math As Integer       ⎪
  computer As Integer   ⎭
End Type
Private Sub Form_Click()
  Dim x As student          '定义变量 x 为 student 类型
  x.name = "AA"             '分别为变量 x 中的各元素赋初值
  x.sex = "女"
  x.math = 78
  x. chinese = 90
  x.computer = 67
End Sub
```

4. 用户定义类型数组

一个数组中的数组元素是用户定义类型。

例如：将数组 a 定义为 student 类型。

```
Private Sub Form_Click()
    Dim a(1 to 10) As student         '定义变量 x 为 student 类型
    a(1).name = "AA"                  '分别为数组元素 a(1)中的各元素赋初值
    a(1).sex = "女"
    a(1).math = 78
    a(1). chinese = 90
    a(1).computer = 67
End Sub
```

10.1.2　实验内容

实验目的：

- 掌握用户自定义类型概念。
- 掌握用户自定义类型的定义及应用。

【实验 10-1】现有一张二维表，其中记录了 10 个学生姓名以及 3 门课程成绩（语文、数学、计算机）。要求编写程序，当用户从姓名列表框中指定任意一个学生姓名，即在文本框中显示该生的各项信息以及 3 门课程的成绩、平均分和总分。

方法分析：

① 根据题目要求，设计出合适的操作界面，本题中界面设计如图 10-1 所示。

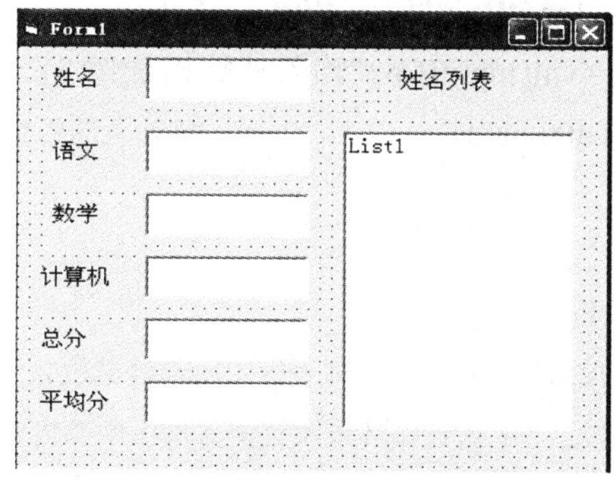

图 10-1

a) 新建一窗体(Form1)，在窗体中添加 7 个标签 Label1～Label7，分布位置如图 10-1，在属性窗口中将它们的 Caption 属性分别改成："姓名"、"语文"、"数学"、"计算机"、"总分"、"平均分"、"姓名列表"。

b) 在窗体中添加 6 个文本框 Text1～Text6，位置分布如图 10-1，在属性窗口中分别将它们的 Text 属性值清空。

c) 在窗体中添加一个列表框 List1，位置如图 10-1。

② 用户自定义类型：从题目中可以了解到，一个学生完整的信息是由若干个数据项组成的，而一个学生就是一个变量，通常情况下一个变量中只有一个值，现在要求在一个变量中存放若干个不同类型的数据项，因此只能把该变量定义成为用户自定义类型。

首先建立一个标准模块（“工程”菜单中的“添加模块”），在其中根据题目中指出的一个学生所涉及的信息，利用 Type 定义用户定义类型。

③ 用户定义类型数组：10 个学生所涉及到的信息是相同的，因此可以定义成为一个名称为 a 的用户定义类型的数组。

④ 利用前面学过的知识进行编程。

程序代码如下：

在标准模块中定义用户定义类型：

```
Type student                      '定义一个名为 student 的数据类型
    name As String
    chinese As Integer
    math As Integer
    computer As Integer
End Type
Dim a(1 To 10) As student         '在窗体的通用声明中定义数组 a 为 student 类型
Private Sub Form_Load()
    Show
    For i = 1 To 10               '通过循环依次输入每个学生的姓名及成绩
        a(i).name = InputBox("输入学生姓名")
        a(i).chinese = val(InputBox("输入语文成绩"))
        a(i).math = val(InputBox("输入数学成绩"))
        a(i).computer = val(InputBox("输入计算机成绩"))
        List1.AddItem a(i).name              '将输入的每个学生姓名加入到列表框中
    Next i
End Sub
Private Sub List1_Click()
    Text1.Text = List1.Text       '将用户在列表框中所选姓名放入文本框 1 中
    For i = 1 To 10               '通过循环依次将文本框 1 中的内容与学生姓名进行比较，如果相
                                  同，即在文本框 2～4 中显示学生信息
        If a(i).name = Text1.Text Then
            Text2.Text = str(a(i).chinese)
            Text3.Text = str(a(i).math)
            Text4.Text = str(a(i).computer)
            Text5.Text = val(Text2.text)+val(Text3.text)+val(Text4.text)
                                             '计算该学生各门成绩总分
            Text6.Text = str(Text5.Text) / 3          '计算该学生各门成绩的平均分
        End If
    Next i
End Sub
```

程序的运行结果如图 10-2 所示。

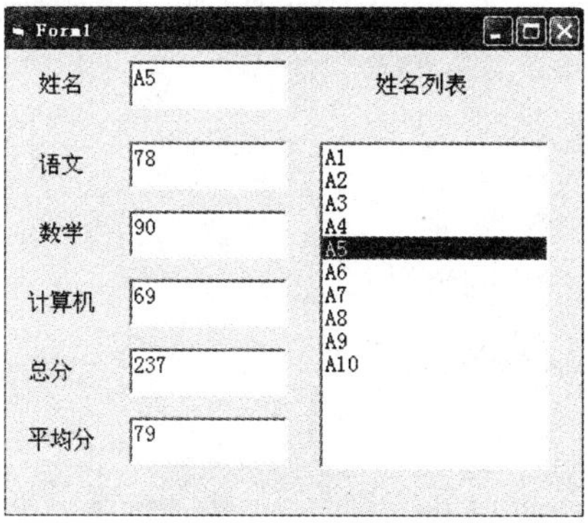

图 10-2

10.2　枚举类型

10.2.1　预备知识

1. 枚举类型的概念

当一个变量只有几种可能的值时，可以定义为枚举类型。将变量的值一一列举出来，变量的值只限于在列举出来的值的范围内。

2. 定义枚举类型

可以在窗体模块、标准模块或公有模块中声明枚举类型。其语法格式为：

```
[Public | Private ] Enum <类型名称>
  <成员名>  [=<常数表达式>]
  <成员名>  [=<常数表达式>]
  …
End Enum
```

其中：

- 默认为 Public,定义的 Enum 类型在整个工程可见。
- Private ：定义的 Enum 类型在声明模块中可见。
- 类型名称：定义的 Enum 类型名称。
- 成员名：定义的 Enum 类型组成元素的名称。
- “常数表达式”：可以是任何长整数，包括负数，也可以省略。默认第一个常数被初始为 0，其后常数初始化为比前面常数大 1。

例如：

```
Public Enum WorkDays
    Saturday
```

```
    Sunday =0
    Monday
    Tuesday
    Wednesday
    Thursday
    Friday
    Invalid =-1
  End Enum
```

10.2.2 实验内容

实验目的

- 掌握枚举类型概念。
- 掌握枚举类型的定义及应用。

【实验 10-2】对从键盘输入的学生成绩进行判断（优、良、中、及格、不及格）。

方法分析：

① 数据类型的确定：因为成级的等级只涉及优、良、中、及格和不及格几种，所以可以定义为枚举类型。

② 将变量定义为枚举类型：因为枚举类型定义完成后只是有了一个新的类型，和以前学过的 Integer、Single 等类型一样，需要在窗体或过程中将变量定义成为该类型后才能使用，本题中将在 Form1 的通用声明中将变量 x 定义为枚举类型。

③ 用户输入分数的处理：成绩的等级只有如上几种，但成绩多种多样，此时需要对输入的成绩进行处理，使某一分数段的成绩都能够属于同一等级，例如 60～69 分的，所属等级都应为“及格”，此时 我们只要利用表达式 x = Int(x/10)就能实现这一目标。

④ 本程序中将枚举型变量 x 与数值进行比较。

程序代码如下：

在窗体的通用声明中定义如下枚举类型

```
Public Enum grade            '定义枚举类型
及格 = 6
中
良
优
Invalid = -1
End Enum
Private Sub Form_Click()
  Dim x   As grade           '定义变量 x 为已定义的枚举类型变量
  x = Val(InputBox("输入学生成绩(0～100)"))
  If x >= 0 And x <= 100 Then
```

```
        x = Int(x / 10)              '对 x 的值除 10 取整后得到该值所在的分数段
        Select Case x
          Case 及格: MsgBox ("成绩为及格")
          Case 中: MsgBox ("成绩为中")
          Case 良: MsgBox ("成绩为良")
          Case 优, 10: MsgBox ("成绩为优")   '成绩在 90 到 100 均为优
          Case Else
              MsgBox ("没有通过本次考试")
        End Select
    Else
        MsgBox ("输入数字无效")
    End If
End Sub
```

【实验 10-3】从键盘输入一月份，输出该月份所属的季节（春、夏、秋、冬）。

方法分析：

① 数据类型的确定：一年共分为 12 个月，所以定义为枚举类型。

② 变量定义为枚举类型：因为枚举类型定义完成后只是有了一个新的类型，和以前学过的 Integer、Single 等类型一样，需要在窗体或过程中将变量定义成为该类型后才能使用，本题中将在 Form1 窗体的通用声明中将变量 x 定义为枚举类型。

③ 本程序中将枚举型变量 x 与枚举类型中的成员进行比较，即可得出输入月份属于哪个季节。

程序代码如下：

在窗体的通用声明中定义如下数据类型

```
Public Enum Season
    January
    February
    March
    April
    May
    June
    July
    August
    September
    October
    November
    December
End Enum
Private Sub Form_Click()
```

```
    Dim x   As Season          '定义变量 x 为已定义的枚举类型变量
    x = Val(InputBox("输入月份"))
    If x > 12 Or x < 1 Then
      MsgBox ("输数无效数值，重新输入")
    Else
      If x >= March And x <= May Then MsgBox ("现在为春季")
      If x >= June And x <= August Then MsgBox ("现在为夏季")
      If x >= September And x <= November Then MsgBox ("现在为秋季")
      If x = December Or (x >= January And x <= February) Then
          MsgBox ("现在为冬季")
      End If
    End If
End Sub
```

10.3 滚动条控件

10.3.1 预备知识

1. 滚动条（Scroll Bar）控件的基本属性（表 10-2）

表 10-2 滚动条控件的基本属性

属 性	说 明
Min	设置滚动条所能代表的最小值，在-32768～32767 之间，默认为 0
Max	设置滚动条所能代表的最大值，在-32768～32767 之间，默认 32768
Value	滚动框在滚动条中的位置，在 Max 和 min 之间
SmallChange	用鼠标单击滚动框箭头时，滚动框每次移动的大小
LargeChange	用鼠标单击滚动区域时，滚动框每次移动的大小

2. 滚动条控件常用事件（表 10-3）

表 10-3 滚动条控件常用事件

事件名称	触发条件	调用语法
Change	滚动条上的滚动框位置变化，即 value 值发生变化	滚动条名_ Change()
Scroll	拖动滚动框，单击时不触发本事件	滚动条名_ Scroll()

10.3.2 实验内容

实验目的

- 掌握滚动条控件的基本属性、事件。
- 能将滚动条控件熟练应用于实际程序中。

【实验 10-4】 设计按图 10-3 所示界面，允许用户通过滚动条来调节文本框的宽度、高度与字体大小。

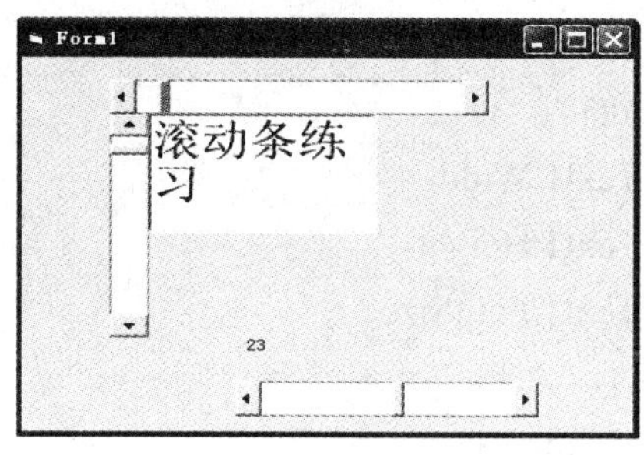

图 10-3

方法分析：

① 程序初启，系统执行 Form1 的 Load 事件，在此事件过程中设置各滚动条的值分别等于文本框的初始宽度、高度与字体。

② 文本框宽度与高度最小值为 1，最大值正好分别等于相应控制滚动条的宽度与高度。

③ 单击水平滚动条 Hscroll1 时，触发该控件的 Change 事件，在此事件过程中，应将当前滚动块的 Value 值当作文本框的 Width 值。

④ 单击垂直滚动条 Vscroll1 时，触发该控件的 Change 事件，在此事件过程中，应将当前滚动块的 Value 值当作文本框的 Height 值。

⑤ 单击水平滚动条 Hscroll2 时，触发该控件的 Change 事件，在此事件过程中，应将当前滚动块的 Value 值当作文本框的 FontSize 值，并将当前 Value 的值输出在 Label1 中。

具体步骤如下：

① 在窗体中添加 1 个文本框，1 个标签，2 个水平滚动条，1 个垂直滚动条，所设计界面如图 10-3。

② 按表 10-4 设置各控件基本属性。

表 10-4　各控件基本属性

控件	属性	设置属性值
Text1	Text	空
	MulltiLine	
Label1	Caption	空
Hscroll1（控制文本框宽度）	Min	1
	Max	自身的 Width 值
	SmallChange	10

续表

控件	属性	设置属性值
Vscroll2	Min	1
	Max	自身的 height 值
	SmallChange	10
Hscroll2 (控制文本框字号)	Min	2
	Max	40
	SmallChange	1

③ 编写如下代码：

```
Private Sub Form_Load()
    HScroll1.Value = Text1.Width
    VScroll1.Value = Text1.Height
    HScroll2.Value = Text1.FontSize
End Sub
Private Sub HScroll1_Change()
    Text1.Width = HScroll1.Value
End Sub
Private Sub VScroll1_Change()
    Text1.Height = VScroll1.Value
End Sub
Private Sub HScroll2_Change()
    Label1.Caption = HScroll2.Value
    Text1.FontSize = HScroll2.Value
End Sub
```

10.4 综合练习

选择题

1. 当水平滚动条中的滚动块位于滚动的最左端时，Value 的属性值被设置为（　）。

   A. Max　　B. Min

   C. Max 和 Min 之间　　D. Max 和 Min 之外

2. 程序运行时，单击水平滚动条右边的箭头，滚动条的 Value 属性值将（　）。

   A. 增加一个 SmallChange 量　　B. 减少一个 SmallChange 量

   C. 增加一个 LargeChange 量　　D. 减少一个 LargeChange 量

3. 当用户单击滚动条的空白处时，滚动块移动的增量值由________属性来决定。

   A. Max　　B. Min　　C. value　　D. LargeChange

第 11 章　图形与图像

11.1　图形控件

11.1.1　预备知识

1. 图片框（PictureBox）控件

图片框控件不仅可以用来显示图片，也可以通过 Print 方法将文本信息输出到图片框。

① 图片框控件的常用属性（表 11-1）

表 11-1　图片框控件的常用属性

属　性	说　明
Picture	设置要显示在图片框中的图形或图像 可在属性窗口中直接设置，也可以通过 LoadPicture 函数来设置
AutoSize	设置图片框能否会根据装入图形的大小作自动调整。默认值为 False
AutoRedraw	设置当图形被其他窗口覆盖时能够自动恢复原图
Enable	设置图片框是否可用
Visible	设置图片框是否可见

② 图片框控件常用方法（表 11-2）

表 11-2　图片框控件的常用方法

方　法	说　明	语　法
Cls	清除输出到图片框上的信息	图片框名.Cls
Print	在图片框中输出文本	图片框名.Print
Pset	在指定位置按确定像素色画点	图片框名.Pset[step](x,y)[,color]
Line	在图片框中画线、矩形	图片框名.Line[step](x1,y1)-[step](x2,y2),[color],[B][F]
Circle	在图片框中画圆、椭圆或圆弧	图片框名.Circle[step](x,y),radius[,color][,start,end][,aspect]

参数说明：

- Step 指相对由 CurrentX，CurrentY 提供的当前图形的坐标。
- Pset 方法中：
  - ✧ (x,y)是指所画目标点的坐标。
  - ✧ Color 指所画点的颜色。
- Line 方法中：
  - ✧ (x1,y1)是指直线左端点坐标。
  - ✧ (x2,y2)是指直线右端点坐标。
  - ✧ Color 指所画直线或矩形框的颜色。
  - ✧ 参数 B 是指以(x1,y1)为左上角坐，(x2,y2)为右下角坐标画一矩形。
  - ✧ 参数 F 是指以矩形边框的颜色来填充矩形。
- Circle 方法中：
  - ✧ (x,y)是指所画圆的圆心坐标
  - ✧ Radius 是指所画圆的半径
  - ✧ Color 指所画圆的颜色
  - ✧ Start|end 是指画弧线或扇形的起始角与终止角（弧度制），正数画弧，负数画扇形
  - ✧ Aspect 是指画椭圆，aspect>1 时，椭圆沿垂直方向拉长，小于 1 时，沿水平方向拉长。值为 0.1 时，产生一个标准圆形。此参数不能为负数。

③ 图片框控件常用事件（表 11-3）

表 11-3 图片框控件的常用事件

事 件	触发条件	语 法
Change	当图片框的 Picture 属性发生变化时	图片框名_ Change()
Resize	图片框第一次被显示或大小改变时	图片框名_ Resize()
Paint	图片框被移动或放大或将覆盖它的窗体被移开	图片框名_ Paint()

图片框控件也支持键盘事件、鼠标事件以及焦点事件。

2. 图像框（ImageBox）控件

图像框控件与图片框控件都可以显示图形与图像，但还是有区别的，比如说图像框不可以接收通过 Print 方法输出的文本，也不可以在图像框控件中包含其他控件。

① 图像框控件的常用属性

图像框具有图片框的一部分属性，图像框不具有 AutoSize 属性，但图像框的一个重要属性 Stretch 属性，其功能是设置图像框是否会根据装入图像的大小作自动调整。

② 图像框控件的常用方法

图像框控件支持图片框控件的一部分方法，也有不同于图片框控件的方法如表 11-4。

表 11-4 图像框控件的常用方法

事 件	触发条件	语 法
Move	当图像框移动到一个指定的位置	图像框名.Move

Refresh	刷新图像框控件	图像框名. Refresh

③ 图像框控件的常用事件

图像框支持图片框控件的一部分事件，见表 11-3。

3. 直线（Line）控件和形状（Shape）控件

直线控件和形状控件的主要属性见表 11-5。

表 11-5　直线与形状控件的主要属性

属　性	说　明
Shape	用来设置形状：0：矩形；1：正方形；2：椭圆形；3：圆形；4：圆角矩形；5：圆角正方形
BorderColor	设置直线或者形状控件边框的颜色
BorderStyle	设置直线或者形状边框的样式。0：透明；1：实线；2：虚线；3：点线；4：点划线；5：双点划线；6：内实线
BorderWidth	设置控件边框的宽度，默认以像素为单位
BackStyle	设置控件背景是否透明。0：透明；1：不透明
FillStyle	设置用来填充线的样式。0：实心；1：透明；2：水平线；3：垂直线；4：向上对角线；向下对角线；6：交叉线；7：对角交叉线
FillColor	设置填充颜色。

4. 图片框与图像框的区别

① 图片框是“容器”控件，可以作为父控件。

② 图片框可以通过 Print 方法接收文本，并可接收由像素组成的图形。

③ 图像框比图片框占用内存少，显示速度快。

④ 图像框具有 Stretch 属性。

5. 程序设计阶段向图片框或图像框中加入图形文件

① 用属性窗口中的 Picture 属性装入。

② 利用剪贴板把图形粘贴（Paste）到窗体、图片框或图像框中。

6. 程序运行期间向图片框或图像框中加入图形文件

格式：[对象.]Picture=LoadPicture（"文件名"）

11.1.2　实验内容

实验目的

- 掌握图片框与图像框控件常用属性、事件与方法。
- 掌握直线控件和形状控件的常用属性、事件与方法。

【实验 11-1】在窗体上添加一个图像框，鼠标单击图像框时，图像框移动到窗体中一个随机位置。假设 (100,100)与(4000,5000)为窗体中指定区域的左上角与右下标的坐标。

方法分析：

① 单击图像框时移动图像框，触发了 Image 控件的 Click 事件，在此事件过程中，要想移动 Image 控件，就需要使用方法 Move。

② 图像框移动的目标位置是随机位置，故需要利用随机函数产生目标位置的坐标值(x,y)。令 x = Int(Rnd * (4000 - 100 + 1) + 100);y = Int(Rnd * (5000 - 100 + 1) + 100)。

具体步骤如下：

① 在窗体上添加一个图像框控件。

② 设置图像框的相关属性。修改 Stretch 属性为 True, 在 Picture 属性中加载图像。

③ 编写代码如下：

```
Private Sub Image1_Click()
    Dim x, y As Integer
    Randomize
    x = Int(Rnd * (4000 - 100 + 1) + 100)
    y = Int(Rnd * (5000 - 100 + 1) + 100)
    Image1.Move    x, y
End Sub
```

【实验 11-2】在窗体上添加 6 个命令按钮，单击各命令按钮分别完成的功能是画直线、矩形、圆、弧、扇形和椭圆。最后运行的结果应如图 11-1 所示。

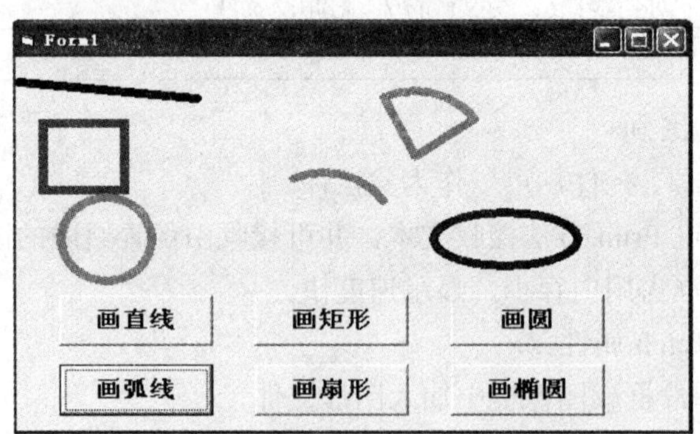

图 11-1

方法分析：

① 在窗体中添加 6 个命令按钮，将 Caption 属性值分别修改为“画直线”、“画矩形”、“画圆”、“画弧线”、“画扇形”和“画椭圆”。

② 由于画各个图形的动作均发生在单击相应的命令按钮，因此相应的程序代码就编写在各命令按钮的 Click 事件中。

③ 设置窗体的 DrawWidth 属性设置为 7（单位为像素），指定画在窗体中线条的宽度。

程序代码如下：

```
Private Sub Command1_Click()          '画直线
    Line (30, 300)-(2000, 500)        '在点(30, 300)与(2000, 500)之间画一条直线
End Sub
Private Sub Command2_Click()    '画矩形框
    Line (300, 800)-(1200, 1600), vbRed, B    '以(300, 800)为左上角坐标，(1200, 1600)为右下
```

```
                                               角坐标，画了一个边框颜色为红色的矩形框
End Sub
Private Sub Command3_Click()       '画圆
    Circle (1000, 2200), 500, vbGreen          '在点(1000，2200)为圆心画一个颜色为绿色的圆
End Sub
Private Sub Command4_Click()       '画弧线
    Circle (3400, 2200), 800, vbGreen, 0.6, 2    '在点(3400，2200)为圆心半径 800，起始角
                                                 为 0.6，终止角是 2 画一条弧线
End Sub
Private Sub Command5_Click()       '画扇形
    Circle (4400, 1200), 800, vbGreen, -0.6, -2   '起始角与终止角为负数，因此画一个扇形
End Sub
Private Sub Command6_Click()   '画椭圆
    Circle (5400, 2200), 800, vbBlue, 0, 0, 0.4   '由于 aspect 参数值小于 1，因此画一个扁
                                                  椭圆
End Sub
```

【**实验** 11-3】编写程序，交换两个图片框中的图形。

方法分析：

① 在 Form1 窗体上画三个图片框控制，其中：Picture1 和 Picture2 用来装载两个图片，Picture3 是在 Picture1 和 Picture2 交换图片时起到一个临时存放图片的作用。

② 假设H盘中存在两个图片 ZW_015.GIF 和 ZW_016.GIF，首先在 Form_Load 过程中将两个图片分别加载到两个图片框中，然后在 Form_Click 事件中，实现两个图片的交换。如图 11-2 所示。

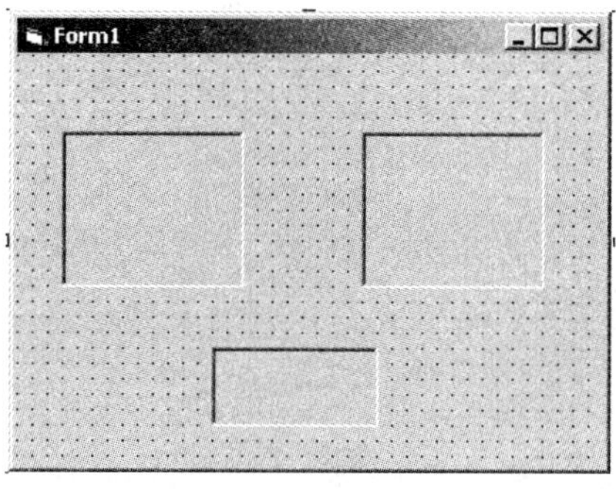

图 11-2

```
Private Sub Form_Load()
Form1.Picture3.Visible = False
Form1.Picture1.Picture = LoadPicture("H:\ZW_015.GIF")
Form1.Picture2.Picture = LoadPicture("H:\ZW_016.GIF")
End Sub
Private Sub Form_Click()
```

```
Form1.Picture3.Picture = Form1.Picture1.Picture
Form1.Picture1.Picture = Form1.Picture2.Picture
Form1.Picture2.Picture = Form1.Picture3.Picture
End Sub
```

11.2 综合练习

1. 利用 Circle 方法在窗体中画一个圆桶。
2. 在窗体上画一个五角星。

第 12 章　菜单、工具栏与对话框

12.1 菜　单

12.1.1 预备知识

1. 菜单的基本作用

① 提供人机对话的界面，以便让使用者选择应用系统的各种功能。

② 管理应用系统，控制各种功能模块的运行。

2. 菜单的基本类型

① 下拉式菜单

② 弹出式菜单

3. VB 中的菜单

VB 中的菜单（又称控件对象）具有一组属性和事件，利用“菜单编辑器”创建、修改或程序代码在程序运行时动态地调整菜单项。

4. 菜单编辑器

VB 提供的用于设计菜单的编辑器。可以创建新的菜单和菜单栏、在已有菜单上增加新菜单栏或者修改、删除已有的菜单和菜单栏。

5. 打开菜单编辑器的四种方法

① 执行“工具”菜单中的“菜单编辑器”命令。

② 使用热键 Ctrl + E 键。

③ 单击工具栏中的“菜单编辑器”按钮。

④ 在要建立菜单的窗体上单击鼠标右键，在弹出的菜单中单击“菜单编辑器”命令。

6. 菜单项的修改

① 在“菜单编辑器”中根据情况对各菜单项进行修改。

② 程序运行时修改菜单项

设计时创建的菜单在程序运行时也能动态地改变其设置。主要有：使菜单项无效、使菜单项不可见、在菜单项上使有复选标记等。

例如：菜单项.Enabled=False

7. 菜单项的有效性控制

大部分控件菜单项有 Enabled，该属性为 True 时，该菜单项可以接收 Click 事件；若置为 False 时，对应的菜单项呈灰色，不能接收 Click 事件。格式：

菜单项名称.Enabled=False(或 True)

8. 菜单项标记

菜单项的 Cheched 属性经常需要在代码中设置。菜单项的复选属性为 True（选中）时，在菜单项的前面出现一个“√”标记；该属性为 False（未选中）时在菜单项的前面无“√”标记。格式：

菜单名.Cheched=False(或 True)

9. 弹出式菜单

弹出式菜单是一种小型浮动式菜单，它可以显示在窗体上任何地方，根据用户单击鼠标右键时的坐标动态地调整显示位置。弹出式菜单上的菜单项也取决于单击鼠标右键时光标的位置。

10. 建立弹出式菜单

① 菜单建立过程同下拉式菜单。唯一的区别必须把主菜单项的“可见”属性设置为 False（注意：子菜单项不要设置为 False）。

② 使用 PopupMenu 方法将已建立的菜单弹出显示。格式：

PopupMenu 菜单名 [,Flags[,X[,Y[，Boldcommand]]]]

12.1.2 实验内容

实验目的

➢ 掌握如何在 VB 窗体中添加自定义菜单。

【实验 12-1】设计如图 12-1 所示界面，要求包含“格式”（其中包括“字体”、“字号”2 个带有级联菜单的菜单项）、“计算”（其中包括“加”、“减”、“乘”、“除”4 个菜单项）和“其他”（其中包括“清空”和“结束程序”2 个菜单项）3 个下拉式菜单及一个弹出式菜单（其中包括“清空”和“结束”2 个菜单项），并编写程序代码实现菜单项的功能。

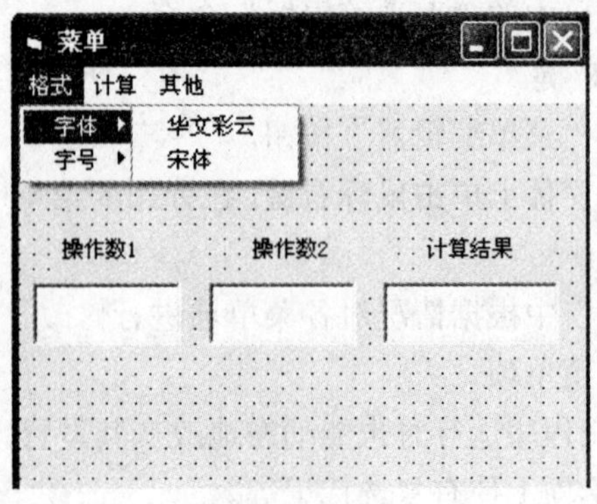

图 12-1

方法分析：

① 向窗体上添加相应控件：

a) 向窗体中添加 3 个标签 Label1、Label2、Label3，在属性窗口中分别将它们的 Caption 属性设置成“操作数 1”、“操作数 2”、“计算结果 3”。

b) 向窗体中添加 3 个文本框 Text1、Text2、Text3，在属性窗口中分别将它们的 Text 属性清空。

c) 打开菜单编辑器，按题目要求如下建立 3 个菜单。

注意：

- 单击向左或向右按钮可改变菜单项的级别，例如：菜单项“字体”和“字号”下面具有级联菜单，如图 12-2 所示。
- 在菜单项的名称后面加（&字母）作为该菜单项的快捷键。
- 将“弹出菜单”项的可见属性前的复选框清空，如图 12-3 所示。

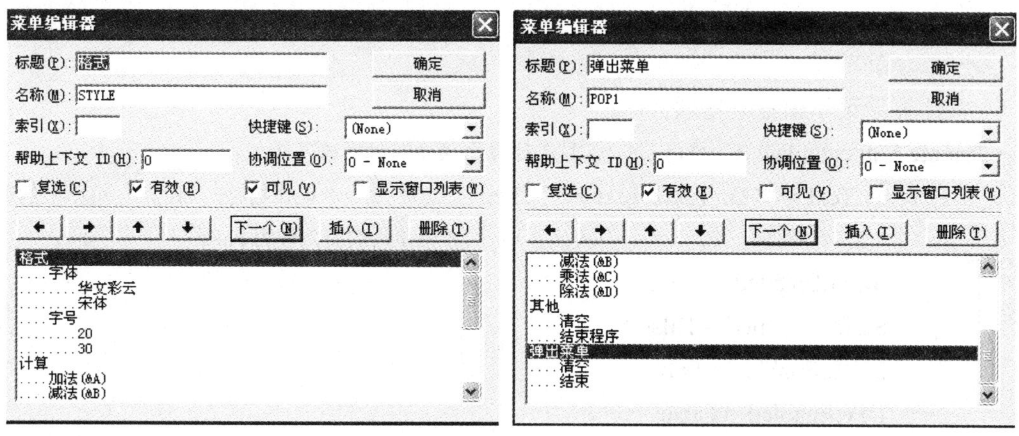

图 12-2　　　　　　图 12-3

- 编写弹出式菜单中菜单项的代码时，需要在代码窗口上部左侧的对象名称栏中找出菜单项名称，然后在右侧的事件栏中选择相应的事件，最后编写代码。

② 编写相应的程序代码。

程序代码如下：

“格式”菜单中“字体”部分代码：

```
Private Sub ST_Click()       '点击“宋体”菜单项时触发该事件
    Text1.FontName = "宋体"
    Text2.FontName = "宋体"
    Text3.FontName = "宋体"
End Sub
Private Sub CY_Click()       '点击“华文彩云”菜单项时触发该事件
    Text1.FontName = "华文彩云"
    Text2.FontName = "华文彩云"
    Text3.FontName = "华文彩云"
```

```
End Sub
```

“格式”菜单中“字号”部分代码：

```
Private Sub SIZE1_Click()       '点击“20”菜单项时触发该事件
    Text1.FontSize = 20
    Text2.FontSize = 20
    Text3.FontSize = 20
End Sub
Private Sub SIZE2_Click()       '点击“30”菜单项时触发该事件
    Text1.FontSize = 30
    Text2.FontSize = 30
    Text3.FontSize = 30
End Sub
```

“计算”菜单中各菜单项代码：

```
Private Sub calculate_Click()       '点击“计算”菜单时触发该事件
    If Text1.Text = "" Or Text2.Text = "" Then     '当缺少一个操作数时，“计算”菜单中的各
                                                   菜单项的有效性为 False
        SUM.Enabled = False
        SUB1.Enabled = False
        MUL.Enabled = False
        DIV.Enabled = False
    Else
        SUM.Enabled = True
        SUB1.Enabled = True
        MUL.Enabled = True
        DIV.Enabled = True
    End If
End Sub
Private Sub SUM_Click()       '点击“加法”菜单项时触发该事件
    SUM.Checked = True        '在“加法”菜单项前加标记
    SUB1.Checked = False
    MUL.Checked = False
    DIV.Checked = False
    Text3.Text = Val(Text1.Text) + Val(Text2.Text)
End Sub
Private Sub SUB1_Click()      '点击“减法”菜单项时触发该事件
    SUB1.Checked = True
```

```
    SUM.Checked = False
    MUL.Checked = False
    DIV.Checked = False
    Text3.Text = Val(Text1.Text) - Val(Text2.Text)
End Sub
Private Sub MUL_Click()        '点击“乘法”菜单项时触发该事件
    MUL.Checked = True
    SUM.Checked = False
    SUB1.Checked = False
    DIV.Checked = False
    Text3.Text = Val(Text1.Text) * Val(Text2.Text)
End Sub
Private Sub DIV_Click()        '点击“除法”菜单项时触发该事件
    If Val(Text2.Text) <> 0 Then
        DIV.Checked = True
        SUM.Checked = False
        SUB1.Checked = False
        MUL.Checked = False
        Text3.Text = Val(Text1.Text) / Val(Text2.Text)
    Else
        MsgBox ("除数不能为 0")
        Text2.Text = ""
    End If
End Sub
```

“其他”菜单中各菜单项代码：

```
Private Sub CLEAR_Click()      '点击“清空”菜单项时触发该事件
    SUM.Checked = False
    SUB1.Checked = False
    MUL.Checked = False
    DIV.Checked = False
    Text1.Text = ""
    Text2.Text = ""
    Text3.Text = ""
End Sub
Private Sub FINISH_Click()     '点击“结束程序”菜单项时触发该事件
    End
End Sub
```

“弹出菜单”中各项代码：

```
Private Sub Form_MouseDown(Button As Integer, Shift As Integer, X As Single, Y As
                                        Single)
                                        '鼠标在窗体上点右键触发该事件
    If Button = 2 Then
        PopupMenu POP1    '点击鼠标右键时弹出菜单 POP1
    End If
End Sub
Private Sub CLEA1_Click()    '点击“清空”菜单项时触发该事件
    Text1.Text = ""
    Text2.Text = ""
    Text3.Text = ""
End Sub
Private Sub FINI_Click()    '点击“结束”菜单项时触发该事件
    End
End Sub
```

12.2 工具栏

12.2.1 预备知识

1. 工具栏

在基于 Windows 操作系统的应用程序，一般都是将最常用的命令以按钮的形式集合在一起，以方便用户的操作。

工具栏是工具条（ToolBar）控件和图像列表（ImageList）控件的组合。ToolBar 控件和 ImageList 控件是 ActiveX 控件。ActiveX 控件不在 VB 工具箱中，而是以单独的文件存在，文件扩展名为.OCX。

2. 向工具箱中添加 ToolBar 和 ImageList 控件

用鼠标单击“工程”菜单中的“部件”菜单项，在打开的对话框中选择“Microsoft Windows Common Controls 6.0”，然后单击“确定”按钮。

3. 工具栏的设置

对加到窗体上的工具栏通过 Align 属性设置，使工具栏创建在窗体的顶部或底部。

4. 工具栏的建立

① 将 Toolbar 控件添加到窗体上。

② 在已添加到窗体上的工具栏上单击鼠标右键，在弹出的菜单中点击“属性”菜单项，在随后打开的“属性”对话框中相应的项目进行填写。

5. 向工具栏中的工具按钮上添加图像

① 将 ImageList 控件添加到窗体上。

② 在已添加到窗体上的 ImageList 控件单击鼠标右键，在弹出的菜单中点击“属性”菜单项，在“属性页”对话框中切换到“图像”选项卡，单击“插入图片”按钮，找到图片（注意每个图片对应的索引号）。

6. 将 Toolbar 与 ImageList 建立联系

① 鼠标右键单击窗体中的 Toolbar 控件，在弹出菜单中单击“属性”菜单项，在“属性页”对话框中切换到“通用”选项卡，在“图像列表”中选 ImageList1。

② 或者加入下列事件代码：

```
Private Sub Form_Load()
    Toolbar1.ImageList = ImageList1
End Sub
```

12.2.2　实验内容

实验目的

➢　学会向 VB 窗体中添加工具栏。

【实验 12-2】将实验 12-1 程序中“计算”菜单中的各菜单项作为工具栏中的命令按钮，并编写相应的程序代码。

方法分析：

① 界面设计：根据题目要求设计如图 12-4 所示界面。

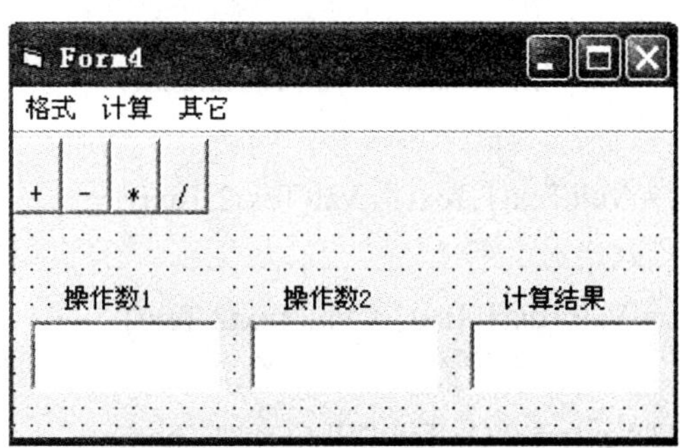

图 12-4

其中工具栏部分的添加：

a) 将工具栏控件添加到标准工具箱中：单击“工程”菜单中的“部件”，在打开的对话框中找到“Microsoft Windows Common Controls 6.0”选中，然后单击“确定”按钮。

b) 鼠标放在已添加到窗体上的工具栏控件上点右键，在弹出的菜单中点击“属性”菜单项，打开如下对话框：切换到“按钮”选项卡，点击“插入按钮”，即在工具栏上插入一个命令按钮。注意前面的“索引”，工具栏上的各命令按钮就是通过索引值来区分的。

c) 插入“+”、“-”、“*”、“/”四个按钮，点“确定”。如图 12-5 所示。

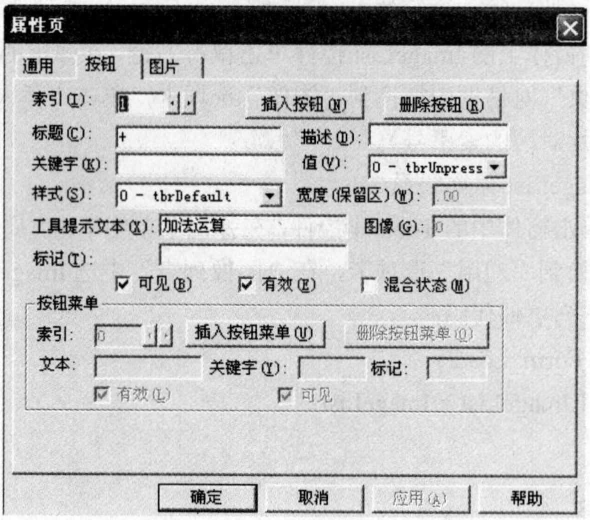

图 12-5

② 工具栏上的各按扭具有相同的名字（Button），在程序中是通过它们的索引来区分的。

③ 对各按钮编写相应的程序代码。

程序代码如下：

```
Private Sub Toolbar1_ButtonClick(ByVal Button As MSComctlLib.Button)
    Select Case Button.Index          '工具栏上各按钮是通过它们的索引值来区分的
        Case 1
            Text3.Text = Val(Text1.Text) + Val(Text2.Text)
        Case 2
            Text3.Text = Val(Text1.Text) - Val(Text2.Text)
        Case 3
            Text3.Text = Val(Text1.Text) * Val(Text2.Text)
        Case 4
            If Val(Text2.Text) = 0 Or Text2.Text = "" Then
                MsgBox ("除数不能为 0")
            Else
                Text3.Text = Val(Text1.Text) / Val(Text2.Text)
            End If
    End Select
End Sub
```

12.3　对话框

12.3.1　预备知识

VB 中对话框分为 3 种类型，即预定义对话框、自定义对话框和通用对话框。预定义对话框是由系统提供的。主要包括 InputBox 函数创建的输入对话框和 MsgBox 语句（函数）创建的信息框。自定义对话框由用户根据自己的需要进行定义。通用对话框是一种控件，用这种控件可以设计较为复杂的对话框。

我们常用的通用对话框主要有：文件对话框（包括打开对话框与另存为对话框）、颜色对话框、字体对话框、打印对话框和帮助对话框。

默认情况下，通用对话框不在工具箱内，在使用之前，应先将其添加到工具箱中，通用对话框添加到工具箱的方法是：

"工程"→"部件"→选定" Microsoft Common Dialog Control 6.0"。

程序运行时，通用对话框是不可见的。

1. "文件"对话框

可用 ShowOpen 方法或 ShowSave 方法，或设置对话框的 Action 属性值为 1 或 2，将建立"打开"文件对话框或"另存为"文件对话框。

"打开"文件对话框是用于让用户指定一个文件由程序使用；而"另存为"文件对话框用于让用户保存一个指定的文件。这二者虽然功能不同，但外观及其属性基本一致。

"文件"对话框的基本属性如表 12-1 所示。

表 12-1　"文件"对话框基本属性

属　性	描　述
DialogTitle	用于设置对话框的标题，默认为"打开"
DefaultExt	设置保存文件的默认扩展名
FileName	设置或返回文件的路径和文件名
FileTitle	设置要打开或保存文件的名称，不包括路径
Filter	指定文件列表中所显示的文件的类型 格式为：描述符 | 类型通配符
InitDir	指定初始化打开或保存的路径
FilterIndex	用来指定默认的过滤器，与 Filter 属性的设置有关
Flags	对文件对话框的设置选择开关，控制对话框的外观
MaxFileSize	用来设定 FileName 属性的最大值

2. 其他对话框

①"颜色"对话框

使用通用对话框的 ShowColor 方法或设置 Action 值为 3 时可显示“颜色”对话框。“颜色”对话框的主要属性见表 12-2。

表 12-2 颜色对话框的主要属性

属　性	描　述
Color	用于设置初始颜色，并可返回用户选择的颜色
Flags	设置或返回对话框的样式 1-为对话框设置初始颜色 2-自定义颜色按钮有效，允许用户自定义颜色 4-自定义颜色按钮无效，禁止用户自定义颜色 8-对话框的帮助按钮有效

使用“颜色”对话框前先设置通用对话框控件中与颜色对话相关的属性，然后使用 ShowColor 方法显示对话框。

②“字体”对话框

使用通用对话框的 ShowFont 方法或设置 Action 值为 4 时可显示“字体”对话框。“字体”对话框用来为文字指定字体、大小、颜色和样式。

“字体”对话框的常用属性如表 12-3 所示。

表 12-3 “字体”对话框属性

属　性	描　述
Flags	设置对话框样式 1-对话框中只列出系统支持的屏幕字体 2-对话框中只列出由 HDC 属性指定的打印机支持的字体 3-对话框中只列出打印机和屏幕支持的字体 4-对话框显示帮助按钮 256-对话框中允许设置删除线、下划线和颜色效果 在显示字体对话框前必须设置此属性，否则会发生不存在字体现象
Color	设置选定颜色，如果使用这个属性，必须先设置 Flags 属性为 256
FontBold	是否选用粗体
FontItalic	是否选用斜体
FontStrikethru	是否选用删除线，如果使用这个属性，必须先设置 Flags 属性为 256
FontUnderline	是否选用下划线，如果使用这个属性，必须先设置 Flags 属性为 256
FontName	设置字体的名称
FontSize	设置字体的大小
Max	指定字体的最大值
Min	指定字体的最小值

如果设置的“字体”对话框样式是几种样式的组合，则将 Flags 属性设置为几种样式值之和。例如，对话框中显示打印机和屏幕支持的字体并且允许设置删除线、下划线和颜色效果：

```
Commondialog1.Flags=3+256
```

注意：在显示字体对话框前必须设置对话框的 Flags 属性，否则会发生不存在字体现象。

③“打印”对话框

使用通用对话框的 ShowPrinter 方法或设置 Action 值为 5 时可显示“打印”对话框。其常用的属性如表 12-4 所示。

表 12-4　“打印”对话框属性

属　性	描　述
Copies	设置打印的份数
Flags	设置对话框的一些选项
Min	设置可打印的最小页数
Max	设置可打印的最大页数
FromPage	设置打印的起始页数
ToPage	设置打印的终止页数
Orientation	确定以纵向或者横向模式打印文档

④“帮助”对话框

使用通用对话框的 ShowHelp 方法或设置 Action 值为 6 时可显示“帮助”对话框。

12.3.2　实验内容

实验目的

- ➢ 掌握各通用对话框的常用属性。
- ➢ 掌握打开各通用对话框的方法以及相应属性的设置。

【实验 12-3】设计窗体界面。包括 3 个命令按钮，1 个通用对话框控件，1 个标签，1 个图像框。单击图像框时可以打开指定位置中的图像显示到图像框内，单击“颜色”命令按钮，打开颜色对话框可以改变标签中文字的颜色；单击“字体”命令按钮，可打开字体对话框，可对标签中的文字进行设置；单击“退出”按钮，结束程序运行。

具体步骤如下：

① 在窗体中添加 3 个命令按钮，1 个通用对话框控件，1 个标签，1 个图像框。

② 按表 12-5 设置各控件属性，设置属性后的界面如图 12-6 所示。

表 12-5　各控件属性

对　象	属　性	设置属性值
Command1	Caption	颜色
Command2	Caption	字体
Command3	Caption	退出
Label1	Caption	空

图 12-6

③ 程序代码如下：

```
Private Sub Form_Load()
    CommonDialog1.Flags = 1 + 256
            '1 为对话框设置初始颜色值,256 对话框中允许设置删除线、下划线和颜色效果
            '在显示字体对话框前必须设置此属性,否则会发生不存在字体现象
    Label1.Caption = " 请欣赏"
    Label1.FontSize = 20
    Label1.FontBold = True
    Label1.ForeColor = vbRed
    Label1.FontName = "隶书"
End Sub
Private Sub Command1_Click()                    '颜色命令按钮
    CommonDialog1.ShowColor                     '打开颜色对话框
    Label1.ForeColor = CommonDialog1.Color
                                                '将颜色对话框中选择的颜色作为标签中文字的颜色
End Sub
Private Sub Command2_Click()                    '字体命令按钮
    CommonDialog1.ShowFont                      '打开字体对话框
    Label1.FontName = CommonDialog1.FontName    '将标签中文字的字体切换成对话框
                                                中所选字体
    Label1.FontSize = CommonDialog1.FontSize    '将标签中文字大小切换成对话框中
                                                所选字号
End Sub
Private Sub Command3_Click()
    End
End Sub
Private Sub Image1_Click()
    CommonDialog1.InitDir = "d:\照片"           '指定打开对话框时的初始路径
```

```
    CommonDialog1.Filter = "*.bmp|*.jpg"
                                    '指定初始路径中只显示扩展名为.bmp 或 jpg 的文件
    CommonDialog1.FilterIndex = 2           '指定 Filter 过滤器中第 2 项为默认过滤器
    CommonDialog1.ShowOpen                  '打开"打开"通用对话框
    Image1.Picture = LoadPicture(CommonDialog1.FileName)
                                    '将"打开"对话框中所选文件装载到图像框
End Sub
```

12.4　综合练习

一、选择题

1. 以下哪种方法不能打开菜单编辑器（　）。
   A. 选择“工具”菜单中的“菜单编辑器”
   B. 单击工具栏中的“菜单编辑器”按钮
   C. 在“窗体窗口”上单击右键选择弹出菜单中的“菜单编辑器”
   D. 按 Ctrl+O 组合键
2. 下列哪一项不属于菜单编辑器窗口中的三个区域（　）。
   A. 数据区　　B. 在线演示区
   C. 编辑区　　D. 菜单项显示区
3. 若菜单项前面没有内缩符号“…”，表示该菜单项为（　）。
   A. 主菜单项　　B. 子菜单项
   C. 下拉式菜单　　D. 弹出式菜单
4. 建立弹出式菜单要使用的方法是（　）。
   A. MenuPopup　　B. MenuPop
   C. PopupMenu　　D. PopMenu
5. 下列关于菜单的说法中，正确的是（　）。
   A. VB 的菜单编辑器专门用于设计下拉式菜单，不能设计弹出式菜单
   B. 将菜单项的“标题”属性设置为“-”，就可以得到菜单分隔线
   C. 菜单的快捷键功能必须使用代码完成
   D. VB 的菜单编辑器设计的下拉菜单深度不能超过 2 层
6. 以下说法中错误的是（　）。
   A. 在同一窗体的菜单项中，&所引导的字母指明了访问该菜单项的访问键
   B. 在同一窗体的菜单项中，不允许出现标题相同的菜单项
   C. 程序运行过程中，可以重新设置菜单的 Visible 属性
   D. 弹出式菜单也在菜单编辑器中定义

7. 在菜单编辑器中定义了一个菜单项，名为 menu1，为了在运行时隐藏该菜单项，应使用的语句是（ ）。

   A. menu1.Enabled=True　　B. menu1.Enabled=False

   C. menu1.Visible=True　　D. menu1.Visible=False

8. 语句 If Button=2 Then 的条件成立表示（ ）。

   A. 按键盘数字键 2　　B. 单击鼠标左键

   C. 单击鼠标右键　　D. 双击鼠标左键

二、填空题

1. 在显示字体对话框前必须设置对话框的________属性,否则会发生不存在字体现象。
2. 为了显示字体对话框,应使用通用对话框的________方法或设置 Action 值为________。
3. 通过设置通用对话框的________属性，可指定打开对话框时的初始路径。
4. 在颜色对话框中所选择的颜色保存在颜色通用框的________属性中。
5. 在打开对话框中所选择的文件名及其路径保存在打开通用框对话框的________属性中。
6. 在字体对话框中所选择的字体名及字号大小分别保存在字体通用框对话框的________属性和________属性中。

三、操作题

1. 设计窗体界面，包括 1 个命令按钮“打开文件”，1 个标签，一个通用对话框控件。要求单击“打开文件”按钮时，出现“打开”对话话，将其中所选择的文件名及其路径显示到标签中。
2. 向标准工具箱中添加 StatusBar 控件

   StatusBar 控件也是 ActiveX 控件，其添加到窗体的方法与 ToolBar 相同。

四、问答题

1. 写出三种打开菜单编辑器的方法？
2. 建立下拉式菜单的一般步骤是什么？
3. 如何建立弹出式菜单？
4. 菜单名和菜单项有什么区别？
5. ToolBar 与 ImageList 的作用分别是什么？如何使它们连接？

第 13 章　键盘和鼠标事件过程

13.1　键盘事件

13.1.1　预备知识

1. KeyPress 事件

按下键盘上的某个键时，将发生 KeyPress 事件。该事件可用于窗体、复选框、组合框、命令按钮、列表框、图片框、文本框、滚动条以及与文件有关的控件。其语法格式为：

```
Private Sub Text1_KeyPress(KeyAscii As Integer)
End Sub
```

其中：

KeyAscii：返回用户所按键的 Ascii 码值（同一字母键上大小写的 Ascii 码值不同），程序员可以在该事件过程中根据这个参数对用户的按键进行处理。通常情况下，按下键盘上的字母键输入的是小写字母。

2. KeyDown 事件和 KeyUp 事件

① KeyDown 事件

当按下按键时触发。其语法格式为：

```
Private Sub Form_KeyDown(KeyCode As Integer, Shift As Integer)
End Sub
```

② KeyUp 事件

当释放按键时触发。其语法格式为：

```
Private Sub Form_KeyUp(KeyCode As Integer, Shift As Integer)
End Sub
```

其中：

KeyCode：表示键盘上每个键所对应的键代码，键代码是与键盘上的每个键一一对应，而不是 Ascii 码（不区分字母的大小写）。

注意：

- 数字标点符号键的键代码与键上数字的 Ascii 代码相同。

- 大写键盘上的数字键与数字键盘上相同的数字键的 KeyCode 是不一样的。
- 对于有上挡字符和下挡字符的键，其 KeyCode 为下挡字符的 ASCII 码。

Shift 用于转换键参照表 13-1。

表 13-1 Shift 转换键表

十进制数	二进制数	作 用
0	000	没有按下转换键
1	001	按下一个 Shift 键
2	010	按下一个 Ctrl 键
3	011	按下 Ctrl+Shift 键
4	100	按下一个 Alt 键
5	101	按下 Alt+Shift 键
6	110	按下 Alt+Ctrl 键
7	111	按下 Alt+Ctrl+Shift 键

KeyPress 事件、KeyDown 事件和 KeyUp 事件在常用控件中能获得焦点的控件都具有的事件；而一般不能获得焦点控件则不具有这些事件，即控件要么同时支持这三个事件，要么就都不支持。

13.1.2 实验内容

实验目的

- ➢ 掌握常用的键盘事件：KeyPress、KeyDown、KeyUp。
- ➢ 掌握键盘事件触发的条件及各参数的含义。

【实验 13-1】设计一个窗体，在一个文本框中输入一串字母，在另一文本框中输出这些字母的大（或小）写形式，即如果输入时是大写，就输出其小写形式，反之亦然。

方法分析：

① 界面设计如图 13-1 所示。

图 13-1

a) 向窗体中添加 2 个标签 Label1 和 Label2，在属性窗口中分别将它们的 Caption 属性设为“输入字母”和“转换后的形式”。

b) 向窗体中添加 2 个文本框 Text1 和 Text2，在属性窗口中分别将它们的 Text 属性值清空。

② 用户向文本框中输入字母，每按下一个字母键，即触发 KeyPress 事件，KeyAscii 即可返回该键的 Ascii 值，通过对这个 Ascii 值的范围进行判断，即可得出字母的大小写形式（字母 A 到 Z 大写 Ascii 值：65～90，小写 Ascii 值：97～122）；

③ 编写相应的程序代码。

程序代码如下：

```
Private Sub Text1_KeyPress(KeyAscii As Integer)
  If KeyAscii >= 97 And KeyAscii <= 122 Then        '判断用户按的键是否是小写字母
    Text2.Text = Text2.Text & Chr(KeyAscii - 32)    '如果是小写字母，则将其转换为大写
  Else
    Text2.Text = Text2.Text & Chr(KeyAscii + 32)
  End If
End Sub
```

【实验 13-2】编写程序，设计如图 13-2 所示界面，要求实验的功能是：当用户向文本框中输入 1 或 2 时，即切换到相应的页面做相应的绘图，当用户向文本框中输入 3 时，程序结束，当用户向文本框中输入其他字符时，提示输入有误。

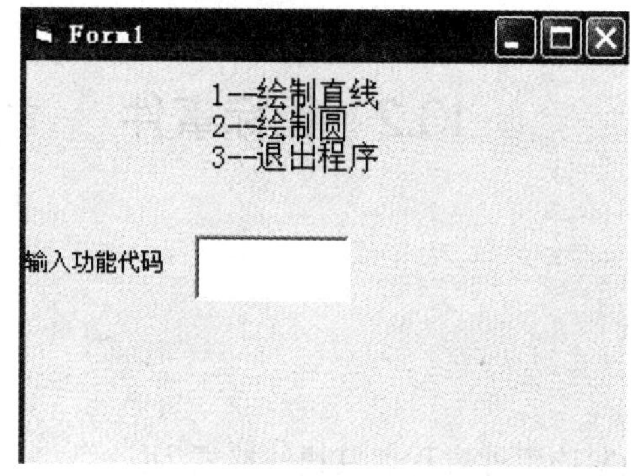

图 13-2

方法分析：

① 界面设计

a) 向窗体中添加 1 个标签 Label1，在程序代码中为其 Caption 属性赋值，实现窗体中 3 个功能选项的文字分布形式。

b) 向窗体中添加 1 个标签 Label2，在属性窗口中将其 Caption 属性值设置为“输入功能代码”。

c) 向窗体中添加 1 个文本框 Text1，在属性窗口中将其 Text 属性值清空。

② 当用户在文本框中按下某一键时即触发 KeyDown 事件，通过参数 KeyCode 返回用户所按键的键代码 KeyCode，这样就可以得到用户选择的功能项。

③ 编写相应的程序代码。

程序代码如下：

```
Private Sub Form_Load()
  Label1.Caption = "1--绘制直线" & Chr(13) & "2--绘制圆" _
```

```
    & Chr(13) & "3--退出程序"
End Sub
Private Sub Text1_KeyDown(KeyCode As Integer, Shift As Integer)
  If KeyCode = 49 Then            '键盘上的数字 1 的 ASCII 码值
    Form1.Hide                    '初始页面隐藏，进入第二页绘制直线
    Form2.Show
  ElseIf KeyCode = 50 Then        '键盘上的数字 2 的 ASCII 码值
    Form1.Hide                    '初始页面隐藏，进入第三页绘制圆
    Form3.Show
  ElseIf KeyCode = 51 Then        '键盘上的数字 3 的 ASCII 码值
    End
  Else
    MsgBox ("请重新输入功能代码")
  End If
End Sub
```

13.2 鼠标事件

13.2.1 预备知识

1. MouseDown 事件

按下鼠标按钮时触发该事件过程。其语法格式为：

Private Sub Form_MouseDown(Button As Integer, Shift As Integer, X As Single, Y As Single)

End Sub

2. MouseUp 事件

松开鼠标按钮时触发该事件过程。其语法格式为：

Private Sub Form_MouseUp(Button As Integer, Shift As Integer, X As Single, Y As Single)

End Sub

3. MouseMove 事件

移动鼠标时触发该事件过程。其语法格式为：

Private Sub Form_MouseMove(Button As Integer, Shift As Integer, X As Single, Y As Single)

End Sub

其中：

- 参数 Button：表示是哪个鼠标键被按下或释放。该参数将返回一个整数，其值分别等于 1，2 和 4 时，相应于鼠标左键、右键和中间按钮的动作（注意，只能有一个按键引起事件）。
- 参数 Shift：表示当鼠标被按下或释放时，Shift、Ctrl、Alt 键的按下或释放状态。该参数返回一个整数。该整数相应于 Shift 键、Ctrl 键或 Alt 键的状态（参照键盘事件中表 13-1）。
- 参数 x，y：返回一个指定鼠标指针当前位置的数。

注意：

- 移动鼠标时连续触发 MouseMove 事件。
- 按下鼠标按键时，触发 MouseDown 事件。
- 释放鼠标按键时，触发 MouseUp 事件。
- MouseUp 事件之后，随即触发 Click 事件。
- 鼠标事件可以区分左、右、中键与 Shift、Ctrl、Alt 键，并可识别和响应各种鼠标状态。Click 和 DblClick 事件不能识别鼠标的左、右、中键与 Shift、Ctrl、Alt 键。
- 鼠标事件是由鼠标指针所在的窗体或控件来识别的。如果按下鼠标不放，则对象将继续识别所有鼠标事件(即使指针已离开对象仍继续识别)，直到用户释放鼠标为止。

13.2.2　实验内容

实验目的

- ➢ 掌握常用的鼠标事件：MouseDown、MouseUp、MouseMove。
- ➢ 掌握事件过程中各参数的含义。

【实验 13-3】编写程序，使程序运行时用户可自由在窗体上进行绘画。

方法 1 程序代码如下：

```
Private Sub Form_MouseDown(Button As Integer,Shift As Integer, X As Single,Y As Single)
  If Button = 1 Then          '按下鼠标左键时
    CurrentX = X
    CurrentY = Y
  End If
End Sub
Private Sub Form_MouseMove(Button As Integer, Shift As Integer, X As Single, Y As Single)
  If Button = 1 Then
    Me.Line (CurrentX, CurrentY)-(X, Y)     '在当前窗体上绘制
    CurrentX = X
    CurrentY = Y
  End If
```

```
End Sub
```

方法 2 程序代码如下：

在窗体的通用声明中做如下声明：

```
Dim it As Boolean          '变量 it 为绘图状态开关
Private Sub Form_MouseDown(Button As Integer,Shift As Integer,X As Single,Y As Single)
  it = True       '启动绘图状态
End Sub
Private Sub Form_Load()
  DrawWidth = 5         '使用宽度为 5 的刷子
  ForeColor = RGB(0, 0, 255)        '设置绘图颜色为蓝色
End Sub
Private Sub Form_MouseMove(Button As Integer, Shift As Integer, X As Single, Y As Single)
  If it Then PSet (X, Y)      '在绘图状态下画点
End Sub
Private Sub Form_MouseUp(Button As Integer, Shift As Integer, X As Single, Y As Single)
  it = False     '禁止绘图状态
End Sub
```

13.3 拖放事件

13.3.1 预备知识

1. 拖放事件

鼠标拖放操作是指用户按下鼠标按钮，将对象从一个位置移动到另外一个位置，然后释放鼠标按钮，将对象重新定位、复制和移动等。

2. 两种拖放操作

拖动（drag）和放下（drog）。

① 源对象：拖放中原来位置的对象。

② 目标对象：将要放下位置的对象。

3. 拖放事件的两个重要属性

① DragMode 属性：设置拖动操作是自动方式还是手动方式。默认值为 0（手动方式），设置为 1（自动方式）。

② DragIcon 属性：设置拖放操作时显示的图标，默认将源对象的灰色轮廓作为拖

动图标，也可以设置.ico 图标文件作为拖动操作的图标。

4. 拖放的相关事件

① DragDrop 事件：当一个完整的拖放动作完成时触发，或使用 Drag 方法并将其动作设置为 2（Drop）时触发。其语法格式为：

```
Private Sub Form_DragDrop(Source As Control, X As Single, Y As Single)
End Sub
```

其中：

- 参数 Source：正在被拖动控件即源对象，可在事件过程中采用设置控件的属性和方法的方式对其进行设置。
- 参数 X、Y：松开鼠标时鼠标指针在目标对象中的坐标值，通常用目标坐标系统来表示。

② DragOver 事件：当拖放操作正在进行时发生，当拖动对象越过一个控件时触发该事件。其语法格式为：

```
Private Sub Form_DragOver(Source As Control, X As Single, Y As Single, State As Integer)
End Sub
```

其中：

- 参数 Source：鼠标指针的位置所在的目标对象。
- 参数 X、Y：是松开鼠标按钮时鼠标指针在目标对象中的坐标值。
- 参数 State：表示控件的状态。0（vbEnter）为进入，指拖动正进入目标对象内；1（vbLeave）为离去，指拖动正离开目标对象；2（vbOver）为经过，指拖动正越过目标对象。

13.3.2 实验内容

实验目的

➢ 了解鼠标的拖放事件及事件过程中参数的含义。

【实验 13-4】 编写程序，使用户在窗体中可以任意拖动一图片到新的位置。

程序代码如下：

```
Private Sub Form_DragDrop(Source As Control, X As Single, Y As Single)
    Source.Move X, Y        '使用前将源对象的 Dragmode 设为 1，因为自动拖放形式时系统会自动处理整个拖放过程的细节，该过程是指在窗体上拖动源时产生的
End Sub
Private Sub Label1_DragOver(Source As Control, X As Single, Y As Single, State As Integer)
    If State = 2 Then          '鼠标光标正位于控件的区域之内
        Source.BorderStyle = 1  '源在 Label1 上拖动时即具有边框线
```

```
    Else
        Source.BorderStyle = 0
    End If
End Sub
```

13.4 综合练习

一、选择题

1. 关于 KeyPress 事件的 KeyAscii 参数，下列说法正确的是（　）。
   A. KeyAscii 参数返回用户所按键的 ASCII 码
   B. KeyAscii 参数为字符型
   C. KeyAscii 参数与 KeyCode 参数返回值一样
   D. KeyAscii 参数可以省略
2. 当用户按下键盘上某个键时，KeyPress 事件、KeyDown 事件、KeyUp 事件的执行顺序为（　）。
   A. KeyPress 事件、KeyDown 事件、KeyUp 事件
   B. KeyDown 事件、KeyPress 事件、KeyUp 事件
   C. KeyDown 事件、KeyUp 事件、KeyPress 事件
   D. KeyDown 事件、KeyUp 事件不与 KeyPress 事件同时触发
3. 关于鼠标的 MouseDown 事件下列说法正确的是（　）。
   A. MouseDown 事件是鼠标向下移动时被触发的事件
   B. MouseDown 事件的 Button 参数是用来判断组合键的
   C. MouseDown 事件不能判断鼠标的位置
   D. MouseDown 事件可以判断用户是否使用组
4. MouseMove 事件的发生是（　）。
   A. 当鼠标移动时将无限次的被触发
   B. 每秒触发一次
   C. 与鼠标敏感度相关的
   D. 伴随鼠标指针移动而连续不断发生的
5. 下列四个选项中与拖放操作无关的是（　）。
   A. KeyPress 事件　　B. Drag 方法
   C. DragOver 事件　　D. DragDrop 事件
6. 以下四个控件选项中具有 KeyPress 事件的是（　）。
   A. 标签（Label）　　B. 文本框（TextBox）
   C. 框架（Frame）　　D. 图像框（Image）

7. 在窗体上有一个文本框，其名称为 Text1，编写如下事件过程：

```
Private Sub Text1_KeyDown(KeyCode As Integer, Shift As Integer)
  Print Chr(KeyCode)
End Sub
Private Sub Text1_KeyUp(KeyCode As Integer, Shift As Integer)
  Print Chr(KeyCode + 2)
End Sub
```

程序运行后，把焦点移到文本框中，此时如果按下 A 键，则输出结果为（　）。

A. A
   A　　B. A
   B　　C. A
   C　　D. A
   D

8. 在窗体上有一个文本框，编写如下事件过程：

```
Private Sub Text1_KeyPress(KeyAscii As Integer)
  Dim char As String
  char = Chr(KeyAscii)
  KeyAscii = Asc(UCase(char))
  Text1.Text = String(6, KeyAscii)
End Sub
```

程序运行后，如果从键盘上输入字母 a，则文本框中显示的内容为（　）。

A. a　　B. A　　C. aaaaaaa　　D. AAAAAAA

9. 在窗体上添加一个名称为 Command1 的命令按钮，编写如下事件过程：

```
Dim sw As Boolean
Function func(X As Integer)
  If X < 20 Then
    Y = X
  Else
    Y = 20 + X
  End If
  func = Y
End Function
Private Sub Form_MouseDown(Button As Integer, Shift As Integer, X As Single, Y As Single)
  sw = False
End Sub
Private Sub Command1_Click()
  Dim intNum As Integer
  intNum = InputBox("")
  If sw Then
    Print func(intNum)
```

```
    End If
End Sub
```

程序运行后，单击命令按钮，将显示一个输入对话框，如果在对话框中输入 25，则程序的执行结果为（　）。

A. 0　　B. 25　　C. 45　　D. 无任何输出

10. 以下四个控件选项中，具有 Drag 方法的是（　）。

A. 菜单（Menu）　　B. 计时器（Timer）

C. 形状控件（Shape）　　D. 图形框（Image）

二、编程题

编写一个程序，当同时按下 Shift 键和 F6 键时，在窗体上显示“再见”，并终止程序的运行。

第 14 章　数据文件

14.1　文件概述

1. 文件结构

① 字符

数据的最小单位。凡是单一字节、数字、标点符号或其他特殊字符都能以字符代表。

② 字段

由若干个字符所组成，用来表示一个数据项。

③ 记录

在数据库中，处理数据是以记录为单位，记录是由若干个字段所组成的。

④ 文件

由一些具有一个或一个以上的记录集合而成的数据单位称为文件。参见图 14-1。

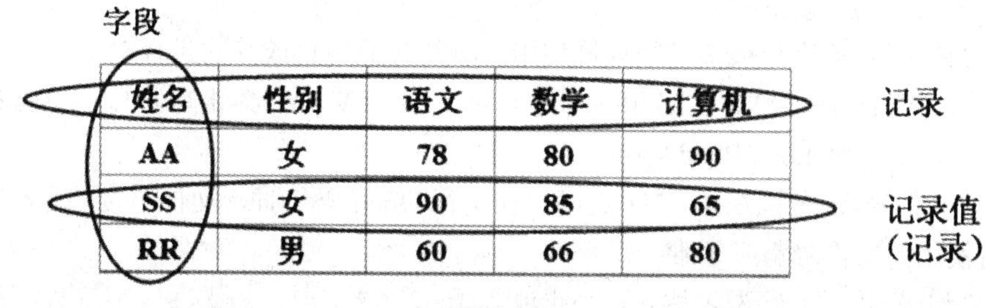

姓名	性别	语文	数学	计算机
AA	女	78	80	90
SS	女	90	85	65
RR	男	60	66	80

图 14-1

2. 文件种类

① 顺序文件

文件中数据的写入是一个接一个依次进行的。数据在文件中的存放次序以及读出次序与写入数据时的顺序一致，都是从头到尾按顺序进行。

优点：结构简单，占空间少，容易使用。

缺点：维护困难，为了修改文件中的某个记录，必须把整个文件读入内存，修改完后再重新写入磁盘。不能灵活地存取和增减数据。

适用：有一定规律且不经常修改的数据。

② 随机文件

文件的每一条记录都有固定的长度，每一条记录都有记录号，这种文件的特点就是允许用户存取文件中的任一条记录。

优点：可以同时进行读/写操作，存入和读出速度较快，数据更新容易。

③ 字符文件

以字符方式编码并保存数据的文件，包括顺序文件和随机文件。

④ 二进制文件

以二进制的编码方式存储数据的文件，适合于保存任何种类的信息。

3. 文件的打开和关闭

① 打开文件

对文件进行操作前，必须先打开或建立文件。其语法格式为：

Open 文件名 [For 方式] [Access 存取类型] [锁定] As [#] 文件号 [Len=记录长度]

其中：

- “文件名”：要打开文件的完整名字（路径+文件名+扩展名）
- “方式”：指定文件的访问方式，包括如下几种：

  Append：从文件末尾添加；

  Binary：二进制文件；

  Input：顺序输入；

  Output：顺序输出；

  Random：随机存取方式。

- “存取类型”：访问文件的类型，Read（只读）、Write（只写）、Read Write（读写）。
- “锁定”：多用户或多进程环境使用，限制其他用户或其它进程对文件的读写操作。可设置为 Shared（共享）、Lock Read（禁止读）、Lock Write（禁止写）、Lock Read Write（禁止读写），默认为 Lock Read Write。
- “文件号”：范围在 1～511 之间。在执行 Open 语句时，文件与文件号相关联。所有当前使用的文件号都必须唯一。
- “记录长度”：整型表达式，小于或等于 32767 字节，是缓冲区字符数，默认值为 512 个字节，不适用于二进制访问的文件。

② 关闭文件

文件的读写操作结束后，应将文件关闭。关闭文件有两方面的作用：第一，把文件缓冲区的所有数据写到文件中；第二，释放与该文件相联系的文件号。其语法格式为：

Close [[#]文件号][,[#]文件号]…

其中：

- “文件号”：可选。如果指定了文件号，把指定的文件关闭；如果不指定文件号，把所有打开的文件关闭。

4. 文件操作语句和函数

① FreeFile 函数

返回一个可供 Open 语句使用的文件号，提供一个尚未使用的文件号。

② Seek 语句和 Seek 函数

文件打开后，会自动生成一个文件指针，文件的读或写就从这个指针所指的位置开始。通常打开文件时，文件指针指向文件头。完成一次读写操作后，文件指针自动移动到下一个读写操作的起始位置。

- Seek 函数：返回文件指针的当前位置。对于随机文件，Seek 函数返回指针当前所指的记录号。对于顺序文件，Seek 函数返回指针所在的当前字节位置（从头算起的字节数）。其语法格式：

Seek（文件号）

- Seek 语句：指定文件的文件指针设置在指定位置，以便进行下一次读或写操作。对于随机文件，“位置”是一个记录号；对于顺序文件，“位置”表示字节位置。其语法格式：

Seek [#] 文件号，位置

③ EOF 函数

是否顺序到达文件的结尾。使用 EOF 是为了避免在文件结尾处读数据而产生错误，对于顺序文件 EOF 函数告诉用户是否到达文件的最后一个字符或数据项。其语法格式为：

EOF（文件号）

④ LOF 函数

返回文件分配的字节数（即文件的长度）。其语法格式：

LOF（文件号）

⑤ LOC 函数

返回与文件号相关的文件的当前读写位置。对于随机文件，Loc 函数返回一个最近读或写的记录的记录号；对于顺序文件，LOC 函数返回的是从该文件被打开以来读或写的记录个数，一个记录是一个数据块。其语法格式：

Loc（文件号）

14.2　顺序文件

14.2.1　预备知识

1. 顺序文件的写操作

① Print #语句

用于将一个或多个格式化数据写到顺序文件中。其语法格式为：

Print #文件号[,表达式]

② Write #语句

可以把数据写入顺序文件中。其语法格式为：

Write #文件号[,表达式列表]

2. 顺序文件的读操作

① Input #语句

从已打开的顺序文件中读出数据并赋给变量。其语法格式为：

Input #文件号，变量列表

② Line Input #语句

从已打开的顺序文件中读出一行数据，并赋给字符变量或变体型变量。其语法格式为：

Line Input #文件号，变量名

③ Input 函数

返回以 Input 或 Binary 方式打开的文件中的字符。其语法格式为：

Input（字符个数，#文件号）

14.2.2 实验内容

实验目的

- 了解文件中的几个基本概念。
- 了解文件的结构。
- 了解顺序文件与随机文件的特点。
- 了解顺序文件的读写操作。

【实验 14-1】设计一个界面，使用户能够将任意一个文本文件的内容读到 VB 窗体中的文本框中。

方法分析：

① 文本文件的建立：在 D 盘下建立一个名为“lx.text”的文本文件，在其中任意输入内容。

② 窗体设计：在窗体上添加一个文本框，在属性窗口中将其 Text 属性清空，并将它的 MultiLine 属性设置为 True。

③ 根据题目要求，编写程序代码。

程序代码如下：

```
Private Sub Form_Click()
   Open "d:\lx.txt" For Input As #1        '打开 D 盘下已经存在的名为文本文件
   Do Until EOF(1)          '通过循环判断文件是否结束
      Input #1, x           '从打开的文件中读取数据并赋予变量 x
      Text1.Text = x
   Loop
   Close #1    '关闭文件
End Sub
```

【实验 14-2】设计一个界面，使用户能够对任意一个打开的文本文件的内容进行改动并保存。

方法分析：

本实验中一是要求打开文本文件，读出其内容，二是在此基础上对文件内容进行改动并保存，因此要对文件打开两次：一次是以顺序输入的方式打开，以读取文件中的内容，二次是以顺序输出的方式打开，以便保存变更的内容。

程序代码如下：

```
Private Sub Form_Click()
  Open "d:\lx.txt" For Input As #1     '打开 D 盘下已经存在的名为文本文件
  Do Until EOF(1)          '通过循环判断文件是否结束
    Line Input #1, x       '从打开的文件中读取数据并赋予变量 x
    x = "在高等院校中" + Chr(13) + Chr(10) + x     '将补充内容与原内容相连接成一体
  Loop
  Text1.Text = x
  Close #1        '关闭文件，以便再次以顺序输出的方式打开文件
  Open "d:\lx.txt" For Output As #1
  Print #1, Text1.Text;   '将新补充的内容与原内容一起存入到该文件中
  Close #1
End Sub
```

【实验 14-3】建立一个界面，使用户能够在 VB 窗体中建立学生信息表，并将数据写入到 Excel 表格中。

方法分析：

① 菜单的建立：利用菜单编辑器建立一个名为“文件”的菜单，包含如下菜单项：“新建”、“添加”、“关闭”。

② 打开和新建文件使用的均是 Open 命令。

③ 利用 Print 语句或 Write 语句向其中写入内容。

程序代码如下：

```
Private Sub NEW_Click()
  x = InputBox("输入文件名")
  Open x For Append As #1   '按照用户指定的位置和文件名建立一个新文件
End Sub
Private Sub APPE1_Click()
  Name = Text1.Text
  age = Text2.Text
  Write #1, Name, age
  Text1.Text = ""
  Text2.Text = ""
End Sub
```

```
Private Sub CLOSE1_Click()
    Close #1
End Sub
```

14.3 随机文件

14.3.1 预备知识

1. 随机文件的写操作

将存储在变量中的记录内容写入到指定文件的指定记录中。同样每写入一条记录，则记录指针自动指向下一条记录，记录号自动加 1。其语法格式为：

Put <[#]文件号>,[记录号],<变量>

其中：

a) “文件号”：指定要操作的文件；

b) “记录号”：指明从此处开始写入数据，默认将数据写入当前记录指针所指的记录中；

c) “变量”：存放要写入的数据。

2. 随机文件的读操作

从文件号指定的文件中读取记录号指定的一条记录内容，并将其放到指定的变量中去。其语法格式为：

Get <[#]文件号>,[记录号],<变量>

其中：

- “文件号”：指定要操作的文件；
- “记录号”：表示开始读数据的位置，默认是代表从当前记录开始读文件；
- “变量”：存储记录内容的记录类型变量。

14.3.2 实验内容

实验目的

- ➢ 了解随机文件的读写操作。

【实验 14-4】建立一个界面，用户可以通过此界面向随机文件中写入及读出数据。

方法分析：

① 界面设计：利用“菜单编辑器”建立一名为“文件”的下拉式菜单，其中包括“写文件”和“读文件”两个菜单项；

② 程序中，每条记录包括姓名和年龄两个字段，所以应该先定义用户自定义类型，然后将表示记录的变量定义为该类型；

③ 结合上面介绍的随机文件的读写操作命令编写程序代码。

程序代码如下：

在窗体的通用声明中定义如下用户定义类型：

```
Private Type children   '用户自定义类型
  name As String * 8
  age As Integer
End Type
Dim child As children, record As Integer, s As String
```

当用户执行“写文件”时的事件代码：

```
Private Sub Command1_Click()
  Open "d:\lx.xls" For Random As #1   '打开或新建立随机文件
  Do
    child.name = InputBox("输入姓名")
    child.age = InputBox("输入年龄")
    record = record + 1   '记录随机文件的记录个数
    Put #1, record, child   '将存储在 child 中的记录内容写入到文件的指定记录中
    s = InputBox("是否继续")
  Loop Until UCase(s) = UCase("n")
End Sub
```

当用户执行“读文件”时的事件代码：

```
Private Sub Command2_Click()
  For i = 1 To record
    Get #1, i, child   '从文件中读取记录号指定的一条记录内容，将其放到 child 中去
    Print child.name, child.age
  Next i
  Close #1
End Sub
```

【实验 14-5】 建立如图 14-2 所示界面，并实现其中的各项功能。

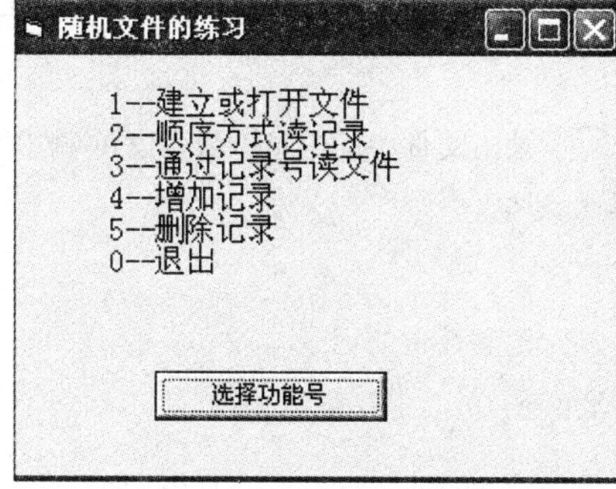

图 14-2

程序代码如下：

```
Private Sub Form_Load()
   M = "1--建立或打开文件"
   N = "2--顺序方式读记录"
   B = "3--通过记录号读文件"
   C = "4--增加记录"
   t = "5--删除记录"
   S = "0--退出"
   P = Chr(13) + Chr(10)        '回车换行
   qq = M + P + N + P + B + P + C + P + t + P + S + P
   Label1.Caption = qq
End Sub
Private Type xx
   name As String * 4
   age As Integer
End Type
Dim Y As xx
Dim gs As Integer
Private Sub Command1_Click()
   Cls
   x = Val(InputBox("选择要执行的功能号"))
   Select Case x
     Case 1
       ll = InputBox("ZDLJ")
       Open ll For Random As #1 Len = 6     '长度为 6 是通过定义 TYPE 类型时里面的各项
                                            长度之和，也可用 LEN（Y）来求记录长度
       For i = 1 To 3
          Y.name = InputBox("name")
          Y.age = Val(InputBox("y.age"))
          Put #1, i, Y        '向文件中写记录，I 为记录号，Y 为记录内容
       Next i
     gs = LOF(1) / 6          '求出文件中的记录个数，LOF 测出文件的总长度，除每个记录长 6
     Case 2
       For i = 1 To gs
          Get #1, i, Y        '读文件中的记录
          Print Y.name, Y.age
       Next i
     Case 3
       Cls
```

```
            kk = InputBox("输入要显示的记录号")
            Get #1, kk, Y
            Print Y.name, Y.age
        Case 4
qw: Y.name = InputBox("name")
            Y.age = Val(InputBox("y.age"))
            gs = gs + 1              '记录号新增 1，随机文件增加记录时只能向文件的最后添加
            Put #1, gs, Y
            xw = InputBox("是否继续添加")
            If xw = "y" Then
               GoTo qw
            End If
        Case 5
            scjlh = InputBox("输入要删除的记录号")
            For i = scjlh + 1 To gs          '从要删除的记录号的后一个位置开始依次向前移一位
               Get #1, i, Y                '读出被删记录的下一个位置的记录内容
               Put #1, i - 1, Y          '将读出的记录写到前一个位置即被删除记录的位置
            Next i
            gs = gs - 1                     '因为依次前移，记录数已少了一个，所以总数减 1。删除记录
                                            实际上是后面的记录把前面的记录覆盖
            For i = 1 To gs
               Get #1, i, Y
               Print Y.name, Y.age
            Next i
        Case 0
            Cls
            Close #1
    End Select
End Sub
```

14.4　综合练习

一、选择题

1. 下列关于 VB 中打开文件的说法正确的是（　）。

   A. VB 在引用文件前无须将其打开

   B. 用 Open 语句可以打开顺序文件和随机文件

C. Open 语句的文件号可以是整数或是字符表达式

D. 使用 for output 参数不能建立新的文件

2. 在 VB 中操作数据文件的一般顺序是（　）。

A. 选择文件—操作　　B. 打开文件—操作文件—关闭文件

C. 选择文件—操作—打开文件　　D. 操作—关闭文件

3. 为了把一个记录型变量的内容写入文件中指定的位置，应使用的语句为（　）。

A. Get 文件号，记录号，变量号　　B. Get 文件号，变量号，记录号

C. Put 文件号，变量号，记录号　　D. Put 文件号，记录号，变量号

4. 下列关于顺序文件和随机文件的说法中错误的是（　）。

A. 顺序文件中记录的逻辑顺序与存储顺序是一致的

B. 随机文件读写操作比顺序文件灵活

C. 随机文件的结构特点是固定记录长度以及每条记录均有记录号

D. 随机文件的操作与顺序文件相同

二、编程题

1. 在 C 盘当前文件夹下建立一个名为 Student.dat 的顺序文件，当单击“输入”按钮时，可以使用输入对话框向文件中输入学生的学号和姓名，单击“显示”按钮时，可以将所有学生的学号和姓名显示在窗体上。

2. 制作一个完善的记事本程序，能够实现外存文件的装入、修改并保存，可以新建文件。

第 15 章　数据库访问技术

1. 预备知识

（1）数据库系统基本概念

① 数据库：存储在计算机内的、有组织的、可共享的数据集合。

② 数据库管理系统：位于用户与操作系统之间的一层数据管理软件，它为用户或应用程序提供访问数据库的方法，包括数据库的建立、查询、更新以及各种数据控制。

③ 数据库系统：在计算机系统中引入数据库后的系统，一般由数据库、数据库管理系统、应用系统、数据库管理员和用户组成。

（2）数据模型

① 层次模型：用树型（层次）结构表示实体类型及实体间联系的数据模型称为层次模型。层次模型的数据操纵主要有查询、插入、删除和修改。进行插入、删除、修改等操作时要满足层次模型的完整性约束条件。

② 网状模型：用有向图结构表示实体类型及实体间联系的数据模型。在网状模型中允许一个以上的结点无双亲，同时允许一个结点可以有多于一个的双亲。

③ 关系模型：数据的逻辑结构是一张二维表，它由行和列组成。主要特征是用表格结构表达实体集，用外键表示实体间联系。在关系模型中，实体及实体间的联系都是用表来表示。在数据库的物理组织中，表以文件形式存储，有的系统一个表对应一个操作系统文件，有的系统自己设计文件结构。

④ 面向对象模型：能完整地描述现实世界的数据结构，具有丰富的表达能力，但模型相对比较复杂，涉及的知识比较多，因此面向对象的数据正在逐渐地普及中。

（3）关系数据库

① 表：关系数据库的表采用二维表格来存储数据，是一种按行与列排列的具有相关信息的逻辑组。一个数据库可以包含任意多个数据表。

② 字段：数据表中的每一列称为一个字段，表是由其包含的各种字段定义的，每个字段描述了它所含有的数据的意义，数据表的设计实际上就是对字段的设计。

③ 记录：在二维数据表中的每一行数据称为一个记录，每个记录由多个字段组成。一般来说，数据库表中的任意两行都不能相同。

④ 关键字：用来确保表中记录的唯一性，可以是一个字段或多个字段，常用作一个表的索引字段。每条记录的关键字都是不同的，因而可以唯一地标识一个记录，关键字也称为主关键字，或简称主键。

⑤ 索引：可以更快地访问数据，索引是表中单列或多列数据的排序列表，每个索引指向

其相关的数据表的某一行。索引提供了一个指向存储在表中特定列的数据的指针，然后根据所指定的排序顺序排列这些指针。

⑥ 表间关系：一个数据库往往都包含多个表，不同类别的数据存放在不同的表中。表间关系把各个表联接起来，将来自不同表的数据组合在一起。表与表之间的关系是通过各个表中的某一个关键字段建立起来的，建立表间关系所用的关键字段应具有相同的数据类型。

（4）创建数据库

在 Windows 窗口中选择"文件"菜单，在弹出的菜单项中依次选择"新建"、"Microsoft Access…"、"Version 7.0 MDB(7)…"，在出现的对话框中输入文件名，例如"studen.mdb"。

（5）创建数据表

在"数据库"窗口中单击鼠标右键，在出现的快捷菜单内选择"新建表"选项。

（6）利用 ADO 数据控件访问数据库

① 向工具箱中添加 ADO Data 控件：鼠标右键单击控件箱，在快捷菜单中选择"部件"菜单项，打开"部件"对话框选择"Microsoft ADO Data Control 6.0（OLEDB）"复选框，则在控件箱内增加了 ADO Data 控件的图标。

② ADO Data 的常用属性（见表 15-1）。

表 15-1 ADO data 的常用属性

属　性	描　述
Connection	是一个字符串，用来建立到数据源的连接
RecordSource	用来设置或返回记录的来源，可以是数据库名、查询名或 SQL 语句
Password	在访问一个受保护的数据库时是必须的
UserName	是用户名称，当数据库受密码保护时，需要指定该属性

（7）ADO Data 控件记录集的常用方法（表 15-2）

表 15-2 ADO Data 控件记录集的常用方法

方法名称	说　明
AddNew	为记录集添加一条记录
CancelUpdate	取消添加新记录操作或编辑操作，恢复修改前的状态
Delete	删除当前记录
Move	移动记录指针
MoveFirst	移动到指定 RecordSet 对象中的第一个记录并使该记录成为当前记录
MoveLast	移动到指定 RecordSet 对象中的最后一个记录并使该记录成为当前记录
MoveNext	移动到指定 RecordSet 对象中的下一个记录并使该记录成为当前记录
MovePrevious	移动到指定 RecordSet 对象中的前一个记录并使该记录成为当前记录
UpdateBatch	保存添加的新记录或修改后的记录
UpdateControls	更新绑定控件的数据内容

2. 实验内容

实验目的

- 了解数据库系统的基本概念。
- 了解如何利用数据控件访问数据库。

【**实验 15-1**】设计如图 15-1 所示界面，当用户点击数据控件中的翻阅按钮时可以浏览记录值，或者在“记录号”一栏中输入指定记录号时也可以显示出相应的记录值并可以对记录值进行修改，点击“确定”按钮后将修改的内容存盘，点击“取消”按钮则仍保留原来的值。

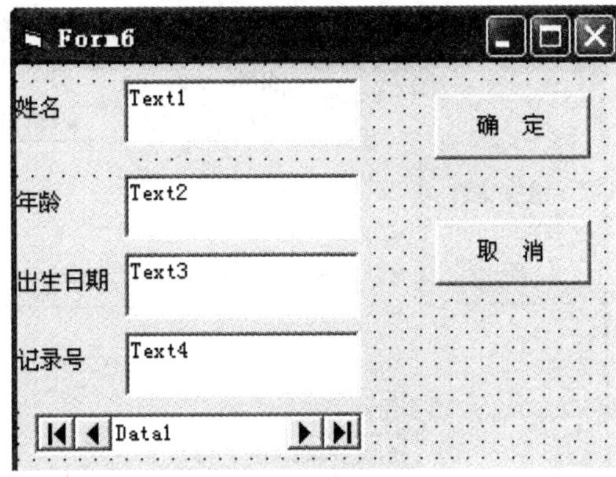

图 15-1

程序代码如下：

```
Dim m(4) As Variant
Dim i As Integer
Private Sub Command1_Click()
  Data1.UpdateControls
End Sub
Private Sub Command2_Click()
  For i = 0 To 2
    If i = Text4.Text Then
      Data1.Recordset.Bookmark = m(i)
    End If
  Next i
End Sub
Private Sub Data1_Validate(Action As Integer, Save As Integer)
  m(i) = Data1.Recordset.Bookmark
  If Action = 3 Then
    If i < Data1.Recordset.RecordCount Then
      i = i + 1            'i 定义为窗体模块级变量，其值一直累加
```

```
    End If
  ElseIf Action = 2 Then
    If i = 0 Then
      i = 0
    Else
    i = i - 1
    End If
  End If
End Sub
```

【实验 15-2】设计如图 15-2 所示界面，并完成其中各项功能。

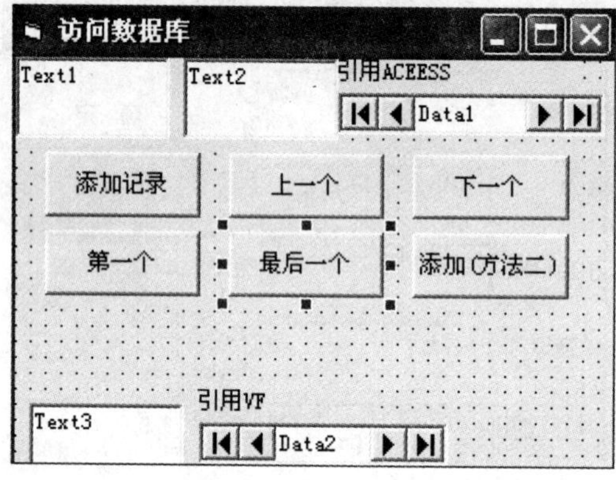

图 15-2

程序代码如下：

“添加记录”按钮功能代码：

```
Private Sub Command1_Click()
Data1.EOFAction = 2     '此时用数据控件浏览记录时最后一条后又增加了新的空格等待添加记录，如不设置此属性，浏览到最后一条记录再不能向后了。包括bofaction 属性在内，bofaction 为 1 时，并不是在与数据控件绑定的控件'中直接看到第一条记录，而是指指针定位到第一条，用其他命令时从第一条开始
End Sub
```

“上一个”按钮功能代码：

```
Private Sub Command2_Click()
  Command3.Enabled = True
  Data1.Recordset.MovePrevious
  If Data1.Caption = 1 Then     '限制读到第一条记录时还往前读（用 bof 就要再往前一个）
    Command2.Enabled = False
  End If
```

```
End Sub
```

"下一个"按钮功能代码：

```
Private Sub Command3_Click()
  Command2.Enabled = True
  Data1.Recordset.MoveNext
  If Data1.Recordset.EOF Then
    Command3.Enabled = False
  End If
End Sub
```

"最后一个"按钮功能代码：

```
Private Sub Command4_Click()
  Data1.Recordset.MoveLast
End Sub
```

"第一个"按钮功能代码：

```
Private Sub Command5_Click()
  Data1.Recordset.MoveFirst
End Sub
Private Sub Data1_Reposition()          '记录指针从一条记录移动到另一条记录时触发该事件
Data1.Caption = Data1.Recordset.AbsolutePosition + 1
                                        'AbsolutePosition 属性指记录集当前指针（从 0 开始）
End Sub
Private Sub Data1_Validate(Action As Integer, Save As Integer)
  If Save = -1 Then        '判断数据是否发生变化
    y = MsgBox("保存?", 36)
    If y = 6 Then
      Text1.DataChanged = True
    Else
      Text1.DataChanged = False
    End If
  End If
End Sub
Private Sub Data2_Validate(Action As Integer, Save As Integer)
  Text3.DataChanged = False          '（其中的数据不能修改）
End Sub
Private Sub Form_Load()
```

```
Data1.RecordSource = "select * from yl"        '此处可将*换成"字段 1",只将数据源的指定
                                               字段引用过来
    Data1.Refresh
    Text1.DataField = "xingming"
    Text2.DataField = "nianling"
    Data2.RecordSource = "xx.dbf"
    Text3.DataField = "xingming"
End Sub
```

VB 程序设计模拟试题 A

一、**填空**（每空 1 分，共 15 分）

1. 工程文件的扩展名为________。
2. 控件和窗体的 Name 属性只能通过____设置，不能在____期间设置。
3. 函数 INT (−9.89) 的返回值为_____。
4. 在 VB 中，如果为日期型变量 XX 赋值 1999 年 11 月 20 日，此赋值语句的写法为__________。
5. 在程序运行时，如果将框架的_______属性设置为 False，则框架的标题呈灰色，表示框架内的所有对象均被屏蔽，不允许用户对其进行操作。
6. 函数 SQR (ABS (−25)) 的返回值为______。
7. 字符串“abc”&“abcABC”的结果为________。
8. 在 Visual Basic 中的下拉菜单是通过________来建立的。
9. 有时需要关闭计时器，这可以通过它的________属性来实现。
10. Dim a(9) as integer，数组 a 的下标的取值范围是_______。
11. 过程与函数的最大区别在于________。
12. 整型数组中的各元素在内存中占用________内存单元。
13. 局部变量是指在________内定义的变量，其作用域是它所在的 ________。

二、**选择题**（每题 1 分，共 15 分）

1. 下面合法的字符常数是（　）。

   A. abc$　　B. “abc”　　C. ‘abc’　　D. abc

2. 文本框没有的属性是（　）。

   A. Enabled　　B. Visible　　C. Backcolor　　D. Caption

3. 若要使命令按钮不可操作，要设置属性（　）。

   A. Enabled　　B. Visible　　C. Backcolor　　D. Caption

4. 为了把窗体上的某个控件变为活动的，应执行的操作是（　）。

   A. 单击窗体的边缘　　B. 单击该控件的内部

   C. 双击该控件　　D. 双击窗体

5. 在一行内写多条语句时，每个语句间分隔符号是（　）。

   A. ,　　B. :　　C. \　　D. ;

6. 如下数组声明语句，正确的是（　）。

   A. Dim　a(3,4)　as　integer　　B. Dim　a[3,4]　as　integer

C. Dim a(n,n) as integer　　D. Dim a(3 4) as integer

7. 执行下面的语句后，所产生的信息框的标题是（ ）。

a=Msgbox(“AAA”，5，“BBB”)

A. BBB　　B. 空　　C. AAA　　D. 出错，不能产生信息框

8. 使文本框获得焦点的方法是（ ）。

A. SetFocus　　B. Gotfocus　　C. change　　D. LostFocus

9. 复选框的 Value 属性为 1 时，表示（ ）。

A. 复选框未被选中　　B. 复选框被选中

C. 复选框内有灰色的勾　　D. 复选框操作有错误

10. 可以将当前目录下的图形文件 mm.jpg 装入图片框 Picture1 的语句为（ ）。

A. Pictrue1="mm.jpg"　　B. Picture1.caption=mm.jpg

C. Pictrue1.pictrue=loadpicture(mm.jpg)　　D. Pictrue1.pictrue=loadpicture("mm.jpg")

11. 删除列表框中指定的项目所使用的方法为（ ）。

A. Move　　B. Remove　　C. Clearitem　　D. Removeitem

12. 下面正确的赋值语句是__________。

A. x+y=30　　B. y=x+30　　C. y=π*r　　D. 3y=x

13. 用来设置粗体字的属性是（ ）。

A. Fontitalic　　B. Fontname　　C. Fontsize　　D. Fontbold

14. Print "HELLO"&"world";120/4 的结果为（ ）。

A. HELLOworld 30　　B. 30　　C. HELLOWORLD　　D. HELLOworld

15. 下列叙述中，错误的是（ ）。

A. 一个过程可以多次被调用

B. 一个过程向调用它的过程返回一个值

C. 在 Visual Basic 中，有事件过程和通用过程两种

D. 可以使用 Call 语句来调用一个过程

三、程序填空（每空 5 分，共 35 分）

1.
```
x=val(inputbox("输入一个数"))
If  x=0  ________
print  0
Elseif  x<0  then
print  abs(x)
__________
print  sqrt(x)
end  if
```

2.
```
Do
    X=inputbox("输入值 X 的值")
    If  val(x)<=50  then
    Z=val(x)*0.25
```

```
        ____________
        Z=val(x)*0.5
        ____________
        Print   "z="; z
Dim   a(8) as integer,b(8) as integer, i as integer,j as integer
      For   i=1   to   8
      a(i)=i
      If   a(i)>=0   then
      b(j)=a(i)
      ____________
      Next   i
      For   each   _______   a
      Print   x
      __________
```

四、**读程序**（每题 5 分，共 10 分）

1. 执行下面程序，输出的结果是____________。

```
Dim i,s as integer
S=0
For   i=1   to   10 step   1
      S=s+i
Next   i
print   "计算所得结果为"; s
```

2. 执行下面程序，打印的结果是____________。

```
Dim   x as integer
x=int(Rnd)+5
   Select   case   x
     case 5
        print   "优秀"
     case 4
        print   "良好"
     case 3
        print   "通过"
     case 2
        print   "不通过"
   End   Select
```

五、**编程**（第 1 题 7 分，第 2 题 8 分，第 3 题 10 分，共 25 分）

1. 任意输入一个数并判断，如果大于 0，输出它的平方根；如果等于 0，原样输出；如果小于 0，输出它的绝对值。

2. 任意输入 10 个数，求出它们的平均值。

3. 在[200，300]区间内随机产生 10 个整数，将其中的偶数求和并输出。

4. 编程计算，1+1/2-1/3+1/4-1/5+…+1/98-1/99。

5. 在[100—200]间随机产生 20 个整数，要求按从小到大的顺序进行排列并输出结果。

模拟试题 A 参考答案

一、填空题

1. .vbp

2. 属性窗口　程序运行

3. -10

4. XX=#11/20/1999#

5. Enabled

6. 5

7. abcabcABC

8. 菜单设计器

9. Enabled

10. 0 到 9

11. 有无返回值

12. 2

13. 过程　过程

二、选择题

1. B　2. D　3. A　4. B　5. B　6. A　7.C　8. A　9. B　10. D

11. D　12. B　13. D　14. A　15. B

三、完成程序

1. Then　Else

2. Else　EndIf

3. EndIf　x　Next　x

四、读程序

1. 55

2. 优秀

VB 程序设计模拟试题 B

一、选择题（每题 1 分，共 20 分）

1. VB 应用程序在（ ）模式下不能编辑代码和设计界面。

   A. 运行　　B. 中断　　C. 设计　　D. 以上均不能

2. 下列关于属性设置的叙述错误的是（ ）。

   A. 控件具体什么属性是 VB 预先设计好的，用户不能改变

   B. 控件具体什么属性是 VB 预先设计好的，用户可以改变

   C. 控件的属性既可以在属性窗口中设置，也可以用程序代码设置

   D. 控件的属性在属性窗口中设置后，还可以用程序代码为其重新设置

3. 窗体文件的扩展名是（ ）。

   A. .cls　　B. .frm　　C. .bas　　D. .rec

4. 在设计阶段，双击窗体上的某个控件，可以打开（ ）。

   A. 代码窗口　　B. 属性窗口　　C. 工具箱窗口　　D. 工程资源管理器窗口

5. 当运行程序时，系统自动执行启动窗体的某个事件过程，这个事件过程是（ ）。

   A. Unload　　B. Click　　C. Load　　D. Gotfocus

6. 设有语句组：

   ```
   Dim S1 As String*5
       S1 = "VB Test"
   ```

   则 S1 的值为（ ）。

   A. VB Test　　B. VB Te　　C. VBTes　　D. BTest

7. 下列合法的变量名是（ ）。

   A. 2x　　B. x-y　　C. x_y　　D. and

8. 由（ ）关键字声明的局部变量在整个程序运行时一直存在。

   A. Dim　　B. Public　　C. Static　　D. Private

9. 数组声明语句 Dim a(3,5)，则数组 a 中包含的元素的个数为（ ）。

   A. 24　　B. 15　　C. 20　　D. 16

10. 表达式 4 + 6 \ 5 * 7 / 9 Mod 3 的值是（ ）。

    A. 4　　B. 5　　C. 6　　D. 7

11. 如果将文本框的 MultiLint 属性设置为 False，则在文本框中只能输入（ ）。

    A. 一个字符　　B. 两个字符　　C 单行文本　　D. 多行文本

12. 表示 x 大于 0 且小于 10 的 VB 表达式是（ ）。

A. 0 < x < 10　　B. x > 0 And x < 10　　C. x > 0 Or x < 10　　D. x > 0 : x < 10

13. 下列正确的赋值语句是_____。

A. i = j = 0　　B. i = 0 : j = 0　　C. i = 0, j = 0　　D. i = 0 ; j = 0

14. 执行下面的语句后，所产生的消息框的标题是（　）。

Msgbox("visual", , "Basic")

A. Basic　　B. visual　　C. 空　　D. 出错，不能产生自信框

15. 函数（　）的作用是将数值型数据转换为字符型数据。

A. Asc(x)　　B. Val(x)　　C. Str(x)　　D. Chr(x)

16. 窗体上有一个命令按钮 Command1，编写如下事件过程：

```
Private Sub Command1_Click()
    x = InputBox("x=")
    y = InputBox("y=")
    Print x + y
End Sub
```

运行后，单击命令按钮，先后在两个输入对话框中输入 123 和 321，窗体显示的内容是（　）。

A. 444　　B. 123321　　C. 123+321　　D. 出错信息

17. 当单击滚动条两端的滚动箭头时，触发的事件是（　）。

A. Change　　B. GotFocus　　C. Scroll　　D. keypress

18. 如果想让程序在运行过程中使某控件不能用，应把（　）属性设置为 False。

A. Name　　B. Enabled　　C. Visible　　D. Default

19. VB 的图形控件不包括（　）。

A. 直线　　B. 图像框　　C. 框架　　D. 图片框

20. Sub 过程与 Function 过程最根本的区别在于（　）。

A. Sub 过程可以使用 Call 语句或直接使用过程名调用，而 Function 过程不可以

B. Function 过程可以有参数，Sub 过程不可以

C. 两种过程参数的传递方式不同

D. Sub 过程的过程名不能返回值，而 Function 过程能通过过程名返回值

二、**填空题**（每题 2 分，共 20 分）

1. VB 6.0 的编程机制是：事件驱动。VB 6.0 有三个版本学习版、专业版、_____。
2. 要使标签 Label1 显示文字“姓名”，可把 Label1 的_____ 属性设置为“姓名”
3. 对象包括三方面特征：属性、事件、_____ 。
4. 列表框控件的_____ 属性返回列表框中列表项的个数。
5. 循环语句 For k=2 To 30 Step 5 使循环体执行了_____次。
6. 要使某控件在运行时不可显示，应设置的属性是：_____。
7. VB 中莱单分为_____和弹出式莱单。
8. InputBox 函数返回值的类型是_____类型。
9. 在 VB 中，保存一个单精度型数据需要占_____个字节。

10. 在窗体上画一个名称为 Timer 的计时器控件，要求每隔 0.5 秒发生一次计时事件，则属性设置语句 Timer.Interval=_____。

三、**完成程序**（每题 3 分，共 21 分）

1. 执行了下面的程序后，列表框中的数据项有__________ 。

```
Private Sub Form_Click()
 For i = 1 to 6
   List1.AddItem i
 Next i
 For i = 1 to 3
   List1.RemoveItem i
 Next i
End Sub
```

2. 在窗体上画一个名称为 Command1 的命令按钮，然后编写如下事件过程：

```
Private Sub Command1_Click()
  Dim a As Integer,s As Integer
    a=8
    s=1
    Do
     s=s+a
     a=a-1
    Loop While a<=0
    Print s;a
End Sub
```

程序运行后，单击命令按钮，则窗体上显示的内容是__________。

3. 在窗体上画一个名称为 Command1 的命令按钮和一个名称为 Text1 的文本框，然后编写如下事件过程：

```
Private Sub Command1_Click()
  n=Val(Text1.Text)
    For i=2 To n
      If i Mod 2=0 Then   Print i
    Next i
End Sub
```

该事件过程的功能是__________。

4. Private Sub Form_Click()

```
Dim strC As String*1
strC=InputBox("请输入数据")
Select Case strC
    Case "a" To "z","A" To "Z"
```

```
            Form1.Print strC+" Is Alpha Character"
        Case "0" To "9"
            Form1.Print strC+" Is Numeral Character"
        Case Else
            Form1.Print strC+" Is Other Character"
    End Select
End Sub
```

设输入的数据分别为“W”，“8”和“？”时，单击窗体后，窗体上显示的内容分别是什么？__________________

5.
```
Public Sub Swap1(ByVal x As Integer, ByVal y As Integer)
Dim t As Integer
t=x
x=y
y=t
End Sub
Public Sub Swap2(x As Integer, y As Integer)
    Dim t As Integer
    t=x
    x=y
    y=t
End Sub
Private Sub Form_Click()
    Dim a As Integer, b As Integer
    a=10
    b=20
    Swap1 a, b
    Form1.Print"A1="; a,"B1="; b
    a=10
    b=20
    Swap2 a,b
    Form1.Print"A2=";a,"B2=";b
End Sub
```

写出程序运行后，单击窗体，Form1 的输出结果。

结果：________

6. 下面的程序对动态数组进行操作，当单击 Command1 按钮后，屏幕上输出的结果为________。

```
Private Sub Command1_Click()
  Dim m() As Integer
```

```
  ReDim m(10)
  For i = 1 To 10
    m(i) = i
  Next
  ReDim m(15)
  For i = 6 To 11
    Print m(i)
  Next
End Sub
```

7. 下面的程序用来计算 1*2*3*…*15 的值，完成程序空白处以使能够完成该功能。

```
Private Sub Command1_Click()
  Dim s As Integer
  Dim n As Integer
  s = 1
  For n = 1 To 5
  __________
  Next n
  Print s
End Sub
```

四、设计程序（1、2、3 题每题 10 分，4 题 9 分，共 39 分）

1. 编程完成下面功能：在窗体上设置两文本框，要求在文本框 text1 中输入一个 0～6 的整数，然后单击窗体，则在文本框 text2 中用英文显示是星期几。
2. 从键盘上输入三角形三条边 a,b,c,求三角形的面积。(注意：程序应能对输入的三条边是否构成三角形进行判断。面积计算公式为对 s * (s - a) * (s - b) * (s - c)的积开平方，,s 是三角形周长的一半)。
3. 随机产生 10 个 100～200 的整数，打印其中 7 的倍数的数并求出它们的总和。
4. 用 Array 函数建立一个含有 8 个元素的数组，然后查找并输出该数组中元素的最大值。

模拟试题 B 参考答案

一、选择题

1. A　2. A　3. B　4. A　5. C　6. B　7. C　8. C　9. A　10. B
11. C　12. B　13. B　14. A　15. C　16. B　17. A　18. B　19. C　20. D

二、填空题

1. 企业版
2. Caption

3. 方法

4. ListCount

5. 6

6. Visible

7. 下拉式菜单

8. 字符（或 string）

9. 4

10. 500

三、完成程序

1. 1,3,5

2. 9　7

3. 输出 n 以内的偶数

4. W is Alpha Character
   8 is Numeral Character
   ? is Other Character

5. A1=10　B1=20
   A2=20　B2=10

6. 0 0 0 0 0 0

7. s = s * n